基于 GWAS 模型的区域水资源优化配置研究

栾清华　刘红亮　马　静　等著
陈新美　王　芳　何立新

黄河水利出版社
·郑州·

图书在版编目(CIP)数据

基于 GWAS 模型的区域水资源优化配置研究/栾清华
等著.—郑州:黄河水利出版社,2022.4
ISBN 978-7-5509-3263-0

Ⅰ.①基…　Ⅱ.①栾…　Ⅲ.①区域资源–水资源管理
–研究　Ⅳ.①TV213.4

中国版本图书馆 CIP 数据核字(2022)第 056223 号

出　版　社:黄河水利出版社
　　　　地址:河南省郑州市顺河路黄委会综合楼 14 层　　　　邮政编码:450003
发行单位:黄河水利出版社
　　　　发行部电话:0371-66026940、66020550、66028024、66022620(传真)
　　　　E-mail:hhslcbs@ 126. com
承印单位:广东虎彩云印刷有限公司
开本:787 mm×1 092 mm　1/16
印张:8.75
字数:210 千字　　　　　　　　　　　　印数:1—1 000
版次:2022 年 4 月第 1 版　　　　　　　印次:2022 年 4 月第 1 次印刷
定价:88.00 元

前　言

　　水资源是人类生存和社会发展中不可或缺的物质条件,其供给状况直接影响着社会民生、经济发展和生态环境水平。水资源的可持续利用是人类社会可持续高质量发展的重要基础与保障。

　　水资源短缺和时空分布不均等因素制约着区域社会经济可持续发展,为缓解人类社会经济发展用水和自然生态与环境用水的冲突和困境,需利用工程与非工程各类措施,从供需两方面进行水资源调节,以协调社会经济发展和生态环境用水的需要。因此,在严峻的水资源情势下,开展水资源优化配置成为缓解区域水资源供需矛盾,保证区域高质量发展的重要技术手段。

　　本书以地处华北平原腹地的邯郸市为研究区域,并分别选取魏县和武安市作为平原农业典型县和山区工业典型县;在对比国内外众多相关模型研究成果基础上,以 GWAS 模型为工具,分析了整个市域及典型县域水资源量及其开发利用现状分析、规划水平年可供水量及需水量,开展了不同尺度研究区的水资源优化配置。在水资源总量和效率双红线约束下,考虑水资源的时空丰枯调剂,充分解析和对比优选了不同配置结果,形成了分行业、分水源的邯郸市及魏县、武安市的水资源配置方案,且基于配置方案提出便于落地实施的对策措施。

　　本书共分 7 章,在"邯郸市水资源开发利用规划暨水资源优化配置研究项目"以及"水资源综合调配与管理决策系统平台"项目的支持下,主要由河海大学、邯郸市水资源管理中心、河北工程大学等单位的学者、管理人员共同撰写完成。具体内容及完成人员如下:第 1 章,包括水资源优化配置概述、目标、原则及手段,由刘红亮和陈新美完成;第 2 章,包括水资源优化配置的内涵与目标、方法和应用进展及当前面临的问题与挑战,由栾清华、王芳和马静完成;第 3 章,包括 GWAS 模型的优化策略及模型构建与求解算法,由栾清华、董森和马静完成;第 4 章,主要是邯郸市水资源优化配置研究,由马静、高昊悦、王月和庞婷婷完成;第 5 章,主要是平原农业典型县魏县的水资源优化配置研究,由陈新美、王芳、董森和栾清华完成;第 6 章,主要是山区工业典型县武安市的水资源优化配置研究,由刘红亮、何立新、高昊悦和栾清华完成;第 7 章,结语,由何立新、王芳、刘红亮完成。

　　本书承蒙中国水利水电科学研究院王浩院士审阅,得到了许多珍贵意见,特此表示感谢。建模过程中,得到了 GWAS 模型的创始者、中国水利水电科学研究院的桑学锋正高级工程师及其团队成员常奂宇博士的大力支持;编写过程得到了河北工程大学刘彬教授的帮助;参考了大量中外专家的研究成果;在此一并表示感谢。

　　由于作者水平有限,恳请大家不吝指正。

作　者

2022 年 2 月

目 录

第 1 章　水资源优化配置

1.1　水资源优化配置概述

水资源优化配置是保证水资源可持续利用的重要技术手段,也是提高水资源高效利用这一议题一直关注的焦点,近几年来,随着我国北方部分城市严重缺水以及洪、涝、旱等灾害的不断出现,这一研究课题越来越受到社会各界的普遍关注。如何使水资源充分发挥作用,使之有利于人类社会发展成为了众多学者努力的方向。同时,合理开发利用水资源、实现水资源优化配置也是我国实施可持续发展战略的根本保障,是助力区域高质量发展的重要保障。

水资源优化配置具有整体性和水资源系统性两方面的含义。一方面,整体是系统的全部组分集合。系统整体性原理表明,整体性功能不同于或大于系统各组分功能之和。水资源是人类生产、生活及生命中不可代替的自然资源和环境资源,影响国民经济的发展,在一定的经济技术条件下,能够为社会直接利用或待利用。因此,水资源系统是与生态环境、社会经济相耦合的水资源生态经济复合系统,是自然资源与人工系统相结合的复合系统。由于水资源的不可或缺性,水资源系统又是密切影响着生态环境和经济社会发展两大系统,因此其中一个系统的变化,将会同时影响另外两个系统朝正、负两个方向产生相应的变化。

1.2　水资源优化配置的目标

一个区域的水资源是有限的,当这种有限性使区域水资源成为稀缺性的资源时,各种用户的水需求之间就具有了竞争性,就会面临把有限的水资源如何分配给各用户的问题。水资源供需分析是进行不同水平年水资源在各用户间分配的方法之一,它主要根据用户重要性的不同,从尽量满足供给与需求之间的平衡角度出发,进行水资源在各用户之间的分配。很显然,这种分配没有直接考虑水资源的效益问题。水资源优化配置就是从效益最大化角度出发进行水资源分配的方法。

水资源优化配置要实现的效益最大化,是从社会、经济、生态三个方面来衡量的,是综合效益的最大化。从社会方面来说,要实现社会和谐,保障人民安居乐业,促使社会不断进步;从经济方面来说,要实现区域经济持续发展,不断提高人民群众的生活水平;从生态方面来说,要实现生态系统的良性循环,保障良好的人居生存环境;总体上达到既能促进社会经济不断发展,又能维护良好生态环境的目标。

水资源优化配置要合理解决各用户之间的竞争性用水问题。按照用水类型的划分及用水后果的影响程度,可把水资源配置分成不同层次。

在可持续发展层次,保持人与自然的和谐关系。人类为了发展社会经济,必须利用一部分水资源;而为了人类自身的存在,又必须维护适宜的生存环境。因此,必须研究如何与自然环境合理地分享水资源。兼顾当前利益与长远利益,在社会经济发展与生态环境保护两大类目标间进行权衡,进行社会经济用水与生态环境用水的合理分配,力争使长期发展的社会净福利达到最大。

在社会经济发展层次,兼顾社会公平与经济效益。人类为了发展经济,必须利用水资源;而经济发展又必须有和谐的社会环境。因此,进行水资源配置时必须统筹考虑公平与效益问题。兼顾局部与全局,在社会公平与经济效益两类目标间进行权衡,进行区域水资源在各类用户之间的合理分配,保障社会和谐与经济快速发展。

在水资源开发利用层次,对水资源需求侧与供给侧同时调控。调动各种手段,力求使需要与可能之间实现动态平衡。寻求技术可行、经济合理、环境无害的水资源开发、利用、保护与管理模式。在需水方面通过调整产业结构与调整生产力布局,积极发展高效节水产业,抑制需水增长势头,以适应较为不利的水资源条件。在供水方面则是加强管理,并通过工程措施改变水资源天然时空分布与生产力布局不相适应的被动局面,统筹安排降水、当地地表水、当地地下水、中水、外调水的联合利用,增加水资源可供水量,协调各用水部门竞争性用水。在不同水平年条件下,给出用水需求和用水次序安排,给出可供水量和供水次序安排以及给出水资源开发利用方案的整体安排。

1.3　水资源优化配置的原则

水资源配置是一个复杂的系统工程,涉及不同层次、不同用户、不同决策者、不同目标的不确定性的问题,水资源配置的基本原则应基于这一特征。依据水资源配置的目标,水资源配置应遵循公平性、高效性、可持续性的原则。

1.3.1　公平性原则

公平性原则,主要是指在发达地区和落后地区之间进行水资源分配时要把握公平公正的原则,考虑不同区域间和社会各阶层间的各方利益进行水资源的科学分配,实现不同区域(上下游、左右岸)之间的协调发展,以及资源利用效益在同一区域内社会各阶层中公平分配。

1.3.2　高效性原则

高效性原则,主要是指水资源的高效利用,取得环境、经济和社会协调发展的最佳综合效益。效率是基于水资源作为社会经济行为中的商品属性确定的。对水资源的分配,应以其利用的经济效益作为区域经济发展的重要指标,而其对社会生态环境的保护作用(或效益)作为整个社会健康发展的关键指标,使水资源利用达到物尽其用的目的。这种高效性不是单纯追求经济意义上的效益,而是同时追求经济、环境和社会协调发展的综合利用效益。这需要在水资源配置问题中设置相应的经济目标、环境目标和社会发展目标,并考察目标之间的竞争性和协调发展程度,满足真正意义上的高效性原则。

1.3.3 可持续性原则

可持续性原则就是坚持水资源可持续利用的原则。水资源是一种再生资源,具有时空分布不均和对人类利害并存的特点。对它的开发利用要有一定限度,必须保持在它的承载能力之内,以维持自然生态系统的更新能力和可持续利用。流域是由水循环系统、社会经济系统和生态环境系统组成的具有整体功能的复合系统,流域水循环是生态环境最为活跃的控制性因素,并构成流域经济社会发展的资源基础。以流域为基本单元的水资源优化配置,要从系统的角度,注重除害与兴利、水量与水质、开源与节流、工程措施与非工程措施的结合,统筹解决水资源短缺与水环境污染对社会经济可持续发展的制约。水资源的优化配置必须与流域或区域社会经济发展状况和自然条件相适应,因地制宜,按地区发展计划,有条件地分阶段配置水资源,以利于环境、经济、社会的协调持续发展。

1.4 水资源优化配置的手段

一般来说,水资源配置的方式主要有工程手段、科技手段、行政手段和经济手段等。

1.4.1 工程手段

通过采取工程措施对水资源进行调蓄、输送和分配,达到合理配置的目的。时间调配工程包括水库、湖泊、塘坝、地下水等蓄水工程,用于调整水资源的时程分布;空间调配工程包括河道、渠道、运河,管道、泵站等输水、引水、提水、扬水和调水工程,用于改变水资源的地域分布;质量调配工程包括自来水厂、污水处理厂、海水淡化等水处理工程,用于调整水资源的质量。调配的方式主要有地表水、地下水联合运用;跨流域调水与当地水联合调度;蓄、引、提水多水源统筹安排;污水资源化、雨水利用、海水利用等多种水源相结合等。

1.4.2 科技手段

建立水资源实时监控系统,准确、及时地掌握各水源单元和用水单元的水信息。科学分析用水需求,加强需水管理。采用优化技术进行分析计算,提高水资源规划与调度的现代化水平。

1.4.3 行政手段

利用法律约束机制和行政管理职能,直接通过行政措施进行水资源配置,调配生活用水、生产用水和生态用水,调节地区、部门等各用水单位的用水关系,实现水资源的统一管理。水资源统一管理主要体现在两个方面:一是流域的统一管理;二是地域的,主要是城市水务的统一管理。

1.4.4 经济手段

按照市场经济要求,建立合理的水使用权分配和转让的管理模式,建立合理的水价形成机制,以及以保障市场运作为目的的、以法律为基础的水管理机制。利用经济手段进行调节,利用市场加以配置,使水的利用方向从低效益的经济领域向高效益的经济领域转变,水的利用模式从粗放型向集约型转变,提高水的利用效率。

水资源优化配置的实质是要提高水资源的配置效率。一方面是提高水的分配效率,合理解决各部门和各行业(包括环境和生态用水)之间的竞争用水问题;另一方面则是提高水的利用效率,促使各部门或各行业内部高效用水。主要解决的问题包括以下几个方面:

(1)社会经济发展问题。探索适合流域或区域现实可行的社会经济发展模式和发展方向,推求合理的工农业生产布局。

(2)水资源需求问题。分析现状条件下各分区各部门的用水结构、用水效率及提高用水效率的技术和措施,预测未来各种经济发展模式下的水资源需求。

(3)水资源开发利用方式、水利工程布局等问题。进行现状水资源开发利用评价、供水结构分析、水资源可利用量分析,进行各种水源的联合调配,给出各类规划水利工程的配置规模及建设次序。

(4)水环境污染问题。评价现状水环境质量,分析各部门再生产过程中各类污染物的排放情况,预测河流水体中各主要污染物的浓度,制定合理的水环境保护目标和保护策略。

(5)生态问题。评价现状生态系统状况,分析生态系统保护与水资源开发利用的关系,制定合理的水生态保护目标和保护策略。

(6)供水效益问题。分析各种水源开发利用所需的投资及运行费用,分析各种水源的供水效益。

(7)水价问题。研究水资源短缺地区由于缺水造成的国民经济损失,分析水价对社会经济发展的影响和水价对水需求的抑制作用,明晰水价的制定依据。

(8)水资源管理问题。研究与水资源优化配置相适应的水资源管理体系,制定有效的政策法规,确定可行的实施办法等。

(9)技术方法研究问题。研究水资源优化配置模型,如评价模型、模拟模型、优化模型的建模机制及建模方法;研发水资源管理决策支持系统等。

综上所述,水资源优化配置是指,根据特定区域或流域的自然和社会经济条件,以公平、高效和可持续发展为原则,采用科学的技术方法和先进的管理体制,通过合理抑制需求、有效增加供水、积极保护生态环境等方面的工程措施与非工程措施,对有限的、不同形式的水资源在区域间和各用水部门间进行合理分配,以期实现水资源可持续利用、保障社会经济可持续发展和生态环境良性循环。

第 2 章　水资源优化配置
研究进展与发展趋势

2.1　区域水资源优化配置

地区不同,其社会经济水平、水资源本底条件等诸多因素均有其差异性,且不同的社会发展阶段,区域面临的水资源问题也不尽相同。因此,开展水资源优化配置时,合理选择研究范围及时期至关重要。目前,国内外相关研究的区域根据尺度大小主要可划分为灌区、流域和行政区划。

2.1.1　灌区的水资源优化配置研究

灌区的水资源优化配置研究主要聚焦于灌区内水资源的合理调度,以合理规划区域内农田水利工程设施,优化农田种植结构,节约农业用水量。如 2004 年,赵丹等[1]提出了涵盖生态、节水和水权等因素的水资源配置模拟方法,并应用于南阳渠灌区验证了方法的有效性。2006 年,胡敬鹏[2]提出一种优化灌溉定额以降低作物需水量,从而实现降低灌区缺水率的方法,并将其应用于都江堰灌区。2010 年,马德海和马乐平[3]构建疏勒河灌区的作物-子区-灌区三层系统模型并求解。2014 年,Mo 和 Guo[4]提出了一种将多种规划整合成区间线性规划的灌区水资源优化配置模型。2015 年,张运凤等[5]以大功引黄灌区为例,探究了如何在灌区用水中体现最严格水资源管理制度。2021 年,康燕楠[6]结合西北干旱地区地表水受水文条件影响、地下水为应急储备的客观因素,借助 SWAT 和 MOD-FLOW 水文模型构建了泾惠渠灌区地表-地下水资源联合调配系统模型;同年,Li 等[7]将 GIS 技术与边缘计算技术结合,构建出灌区水资源需水预测和配置模型。

2.1.2　流域的水资源优化配置研究

流域的水资源优化配置研究应需考虑流域的地下水资源而多结合流域水文地质特点以及水质情况,采用多种技术手段来以实现流域内水资源的合理调度。如 2010 年,常福宣等根据长江季节-水质双重性质缺水特点,提出了基于长江流域社会、经济和环境等多重目标联合优化的水资源配置模型;同年,Hu 等[9]将数学规划和仿真技术结合使用探讨了流域水库的配置调度及后续影响。2018 年,齐鹏等[10]构建地表水-地下水联合转化调度模型,并将其应用于挠力河流域。2019 年,Tian 等[11]构建了考虑调配工程对下游负面影响的多目标水资源优化配置模型,并得出优化调度方案。2020 年,邱宇[12]构建了经济效益最大化的汀江流域水资源优化配置模型,继而确定了汀江流域的生态补偿额度。

2.1.3　行政区划的水资源优化配置研究

由于水资源配置的实际践行与水资源管理政策息息相关,因此以行政区划的水资源配置研究成果往往有很高的落地性和可行性。在省域尺度上,2008 年,卞戈亚等[13]根据河北省水资源系统特征,概化出行业-水源二层大系统分解协调模型,并采用遗传算法求解;2022 年,姜秋香等[14]采用区间两阶段随机规划模型模拟了是否考虑水资源系统风险的两种情景,结果证明风险偏好设定越高,分配水量越低。在市域尺度上,2014 年,侯慧敏等[15]借助 WEAP 模型软件模拟出规划年金昌市不同的水资源优化配置情景,并评价出可持续发展背景下的最优方案;2018 年,沙金霞[16]采用改进的 NSGA - Ⅱ算法在资源型缺水城市邢台市进行了应用。

综上可知,当前水资源优化配置的研究范围选择囊括灌区、流域和行政区划,基本涵盖了当前水资源统筹规划的一般实施范围。未来,随着经济社会对水资源的客观需求日益增长,水资源优化配置会立足以宏观调控和精细化管理结合的基础上进行新的探究,其研究区域选择亦会日趋精细化,并与水资源管理的精细化相一致。

2.2 水资源优化配置内涵与目标

2.2.1 水资源优化配置的内涵

水资源配置的理念最早可追溯到 20 世纪 40 年代,从最开始的水库调度研究、需水量研究,发展到区域水资源调度、水量-水质联合调度,水资源配置的内涵越来越丰富,配置目标也随着社会环境的改变而越来越多样化。

水资源配置的雏形是探讨某个水利工程的调度运行问题,之后专家学者们对其研究不断深入,水资源配置所涵盖的范围越来越广,但没有一个统一的理论将这类问题统一概括。20 世纪 90 年代初,针对我国缺水地区的用水竞争性,专家学者们提出水资源优化配置的理论,随后在可持续发展理念上升为我国发展战略的背景下,无论丰水区或缺水区都开始重视水资源在不同行业、子区域等方面的优化配置,进而合理规划区域的水资源开发利用。

目前,诸多学者给出的水资源优化配置的定义相似而不完全相同,如李令跃等认为水资源合理配置应遵循可持续发展的总原则,对区域内有限的各种水资源进行科学分配,其基本功能应涵盖用水需求和水资源供给两个方面。王顺久等认为水资源优化配置应遵循高效、公平和可持续发展的原则,将区域内所有可利用的水源进行科学合理的分配,其本质是提高水资源分配的效率。王浩等认为水资源配置应遵循自然规律和经济规律,将各种可利用水源科学分配至区域和各用水部门,其定义内囊括了自然-社会水循环调配的思想。左其亭等认为,水资源配置是指在流域或特定的区域内,遵循高效、公平与可持续利用的原则,通过各种工程措施与非工程措施,改变水资源的天然时空分布;遵循市场经济规律与资源配置准则,利用系统科学方法、决策理论与计算机模拟技术,通过合理抑制需求、有效增加供水与积极保护环境等手段和措施,对可利用的水资源在区域间与各用水部门间进行时空调控和合理配置,不断提高区域水资源的利用效益和效率。董增川认为,水资源配置有广义和狭义之分。从广义上讲,水资源优化配置是在水资源开发利用过程中,对洪涝灾害、干旱缺水、水生态环境恶化等问题解决的统筹安排,实现除害兴利结合、防洪抗旱并举、开源节流并重，协调上下游、左右岸、干支流、城市与乡村、流域与区域、开发与保护、建设与管理、近期与远期各方面的关系；从狭义上讲，水资源优化配置主要是指水资源供给与需求之间关系的处理。《全国水资源综合规划大纲》将水资源配置定义为在流域或特定的区域范围内，遵循高效、公平和可持续原则，通过各种工程措施与非工程措施，积极考虑市场经济规律和资源配置准则，通过合理抑制需求、有效增加供水、积极保护生态环境等手段和措施，对多种可利用的水资源在区域间和各用水部门间进行的调配，定义内不仅囊括了水资源配置的范围和准则，还阐述了水资源配置应用时具体的调控措施。

可以看出，所有关于水资源配置的定义大体上是相同的，其核心都是为解决研究区域的子区域和各行业的用水竞争问题，通过各种工程或非工程的措施将区域内所有可利用的水源进行合理化分配，最终目标是实现研究区域的经济社会可持续发展。

2.2.2　水资源优化配置的目标

由于经济社会的不断发展导致社会环境的改变，水资源配置的目标也呈多样化发展，而由于我国幅员辽阔，各区域的经济社会发展状况、水资源情势等诸多因素存在差异性，不同地区在其不同的社会发展阶段其配置目标并不唯一，就水资源配置的发展历程来看，配置目标大致可归结为以下几类：

水资源短缺历来是制约我国不少地区可持续发展的瓶颈，因此以降低缺水率为目标的水资源优化配置研究历来是热点问题。缓解缺水地区的水资源供需矛盾，这类目标的本质是研究如何提高水资源的分配效率，降低缺水地区行业和各子区域的缺水率。如2003 年，中国工程院"西北水资源"课题组针对西北地区水资源供需矛盾问题提出了 10项战略措施，对保证西北地区经济社会可持续发展有重要的意义。2005 年，吕智等针对甘肃省高台县干旱区盆地的地理条件，分析得出地表水、地下水联合配置可兼顾区域各产业可持续发展。2008 年，刘丙军等针对南方部分季节性缺水地区，建立了以水资源合理利用为目标的水资源合理配置模型。2009 年，孙志林等基于缓解资源型缺水地区缺水率、降低用水成本的问题，提出一种区域均衡化分布用水的优化配置模型。2011 年，Han等基于大连市水资源供需失衡的情势，构建了考虑水质的大连市规划年多目标水资源优化配置模型，模型优化了各参数的不确定性。2016 年，向龙等基于"以水定产"方针，提出"节水优先、以供定需"的水资源配置思路，并以浙江省玉环县水资源优化配置为例进行了分析。2020 年，高黎明等针对我国北方地区资源型、工程型缺水问题，以山东省昌乐县为典型区域对水量-水质双控下北方缺水地区的水资源优化配置问题进行了探究。2021 年，伍鑫等探究了将非常规水源纳入供水体系条件下缓解北京市缺水现象的问题。

以侧重某方面的效益为目标探究水资源配置，这类目标下以侧重经济效益、生态效益和社会效益的研究居多。如 2005 年，邵东国等提出了涵盖经济效益、生态效益的水资源净效益的概念，并对区域水资源净效益最大的水资源配置情景进行了探究。2007 年，吴泽宁等基于生态经济最大、兼顾经济效益和社会效益构建水质水量统一配置模型。2009年，石敏俊等在区域生态环境退化的背景下，基于生态重建为目标分析了区域水资源配置的空间分布优化问题。2010 年，闫静静基于构建生态城市为目标，运用不确定理论对滨海新区进行水资源优化配置探讨。2014 年,李金燕分析了干旱地区下基于生态优先为目标的水资源配置方法,并在宁夏中南部干旱区进行了应用。2018 年,吴元梅等立足于基于察汗乌苏河流域的生态用水需求,探究了优先考虑生态的水资源配置方案。2021 年,刘美钰等采用人工鱼群算法探究了缺水县域河间市经济效益和社会效益相对最优的水资源配置问题;同年,袁缘等基于浙江省象山县水质型缺水的特点,构建量质一体化水资源优化配置模型,并提出侧重经济,侧重生态和均衡经济、生态的三种方案。

基于政策导向和发展规划下的水资源配置,随着社会环境的改变,水资源情势日益严峻,我国对水资源管理的政策把控和规划越来越频繁,相关研究也越来越多。如 2006 年,张平等基于南水北调工程总体布局,选取东线受水区就水资源短缺问题开展了水资源优化配置探究。2012 年,严登华等构建了基于“低碳模式”的水资源合理配置模型。2017年,桑学峰等考虑在区域水资源总量控制的目标前提下,构建水资源配置模型以限定区域各子区、各行业的控制阈值。

近年来,面对水资源困境,我国的涉水政策调整愈加频繁,水资源优化配置作为践行水资源管理方针的重要技术手段,关于政策方针下的水资源优化配置研究也越来越多。如①基于可持续发展理念:2020 年,刘焕龙探讨了京津冀地区的水资源可持续利用途径,并以系统动力学理论对区域进行了水资源优化配置探究;还有其他学者基于这一理念设计了水资源优化配置模型。②最严格水资源管理制度:随着最严格水资源制度的颁布和实施,一些学者在水资源配置框架上进行了分析和研究。王义民等考虑三条红线在渭河流域开展了配置研究。钟鸣等探究了三条红线约束下社会、经济和环境综合最优的流域水资源优化配置模型构建。③节水模式:主要基于节水优先后配置的不同,或配置与节水互馈研究。

综上可知,在多样化目标配置的条件下,不同时间、不同区域的配置目标往往有其侧重方向,且配置目标受决策者主观意愿侧重、相关水资源管理政策的影响。水资源配置的目标往往根据社会发展阶段的不同、地区间的差异性等因素呈现出差异性。由于区域水资源配置目标的复杂性,专家学者们往往通过概化区域水资源网络系统,构建数学模型进行模拟求解。水资源优化配置模型的构建一般是根据侧重目标列出特定的目标函数,进而得出模型结果,一般来说,水资源配置目标类型可归结为降低缺水率、侧重效益最大化和基于政策方针。

2.3　水资源优化配置的方法应用

2.3.1　水资源配置的算法应用

区域水资源系统一般具有多水源、多用水户和多供水线路的复杂特点,因此在求解水资源优化配置模型时,应用线性规划、非线性规划等传统方法进行求解,结果往往不甚理想。随着计算机技术的迅速发展,专家学者们开始尝试引入新型智能优化算法进行求解,取得了良好的效果。如 2007 年,WU 等探究了多目标蚁群算法在水资源优化配置中的应用。2013 年,QU 等采用免疫进化理论优化了粒子群算法,应用于周口市水资源优化配置模型求解并取得良好效果;同年,Liu 等将非支配排序遗传算法(NSGA-Ⅱ)应用于浐灞河流域多目标水资源配置模型求解。2014 年,WANG 等将协同进化遗传算法应用于典型湖滨河网区。2016 年,HE 等采用模拟退化-遗传算法求解咸阳市水资源配置模型;同年,Zhang 等采用熵权法避免主观效益权重,利用萤火虫算法求解水资源配置模型。2021 年,王慧等构建了考虑种植结构和灌溉制度的灌区水资源优化配置模型,并应用NSGA-Ⅱ算法求解。

水资源配置算法应用的进展主要在于智能算法的引入和优化,这些算法按照求解原理的差异性可以分为进化类算法和群智能算法两大类。

(1)进化类算法的引入和优化。进化类算法来源于大自然的"适者生存"式的进化规律,特点是可以进行大规模计算和并行搜索,应用于多目标规划问题时可产生更多的Pareto 解集,由于水资源配置具有多目标性,因此进化类算法适用于水资源配置领域,其中的代表是遗传算法的应用。如 2005 年,王鹏引入了基于 Pareto front 的多目标遗传算法,求解了灌区水资源配置的多目标优化数学模型。2006 年,陈南祥等把水资源配置问题模拟为生物进化问题,将多目标遗传算法引入水资源优化配置领域中。2008 年,黄曼丽等采用随机权重法优化了多目标遗传算法中的目标优化问题,并以此求解区域水资源配置的多目标模型。2015 年,李彬等应用改进的 NSGA-Ⅱ算法,采用配水系数进行染色体编码,改进后的算法可以有效解决多水源、多用户、多目标、多约束的水资源优化配置问题。

(2)群智能算法的引入和优化。群智能算法来源于生物群体行为规律,其原理是生物群体中个体间的合作与竞争,优势是编译简单、具有记忆能力、可根据跟踪情况调整搜索策略,引入水资源配置领域的代表算法有粒子群算法、人工鱼群算法、飞蛾扑火算法和模拟退火算法等。如 2008 年,陈晓楠等将粒子群优化算法应用在农作物灌溉的寻求最优解当中,以此为基础将灌区水资源合理分配至不同子区。2011 年,侯景伟等将人工鱼群算法中的拥挤度概念引入蚁群算法中,避免了蚁群算法初期可能早熟的问题,为解决水资源优化配置问题提供了新思路。2017 年,刘彬等运用改进的人工鱼群算法对湟水干流水资源优化配置模型进行求解,配置结果有较强的合理性。2019 年,吴云等使用改进飞蛾扑火算法对汾河下游谷地供水区水资源优化配置模型求解。2020 年,杜佰林等将模拟退火理论引入粒子群算法中,利用模拟退火粒子群算法对陕西省渭南市大荔县优化配置模型进行求解;同年,曾萌等运用鱼群算法对广东省进行水资源优化配置,配置结果较配置前水资源短缺现象得到改善。

综上可知,目前越来越多的智能优化算法被引入水资源优化配置领域当中,用于水资源配置模型的构建和求解。较常规算法而言,智能优化算法对求解多目标、多维数的复杂水资源配置系统普遍具有良好的适用性,未来必将会得到越来越广泛的应用。

2.3.2　水资源配置的模型应用

水资源配置模型可反映区域水资源系统各节点之间的内在联系,是完成配置目标和形成水资源管理决策的重要工具,因此专家学者们一直重视水资源配置模型的开发和改进。水资源配置模型可分为概念型模型和模型软件的应用。

（1）概念型模型应用。这类模型主要是专家学者们根据不同区域的水文特点、经济社会发展特点等因素所做的水资源配置模型探讨。如 1988 年,贺北方运用系统工程理论的方法,探讨豫西地区水资源开发利用的最优解,并总结了缺水地区可供水资源优化建模及其求解。1993 年,刘健民等采用大系统递阶分析方法建立了递阶式水资源优化供水模拟模型,并应用于京津唐地区。1994 年,沈佩君等针对枣庄市多种水资源的联合优化调度问题,建立了包含分区管理调度和统一管理调度模型在内的大系统分析协调模型。2001 年,吴泽宁等分析了区域环境资源的价值及表现形式,提出了区域水资源优化配置中环境价值量评估的污染后果法,为区域水资源优化配置提供了环境目标的定量计算方法。2002 年,Kucukmehmetoglu 等提出了一个以配置网络形式和转运节点组成的水资源分配优化模型,该模型有助于实现跨国水资源的合理分配。2007 年,王丽萍等以经济、社会和环境三方面目标构建水资源配置模型,采用大系统分解协调理论和多目标决策原理对模型进行求解,研究成果协调了经济、社会和生态环境三方效益;同年,朱九龙运用经济学中供应链管理及产品分配理论,构建了南水北调供应链的水资源优化配置模型。2013 年,彭晶以 GIS 和多目标水资源配置理论结合,构建可将多种流域基础数据资料于一体可视化的流域水资源优化配置模型。

（2）水资源配置模型软件应用。水资源配置模型软件的开发、引入和优化是水资源配置领域的重要分支,如 MIKENASIN、RIBER-WARE、GWAS 等模型软件的开发与应用为水资源配置研究提供了极大的便利。MIKEBASIN 软件因其平台相对成熟,在许多流域或区域得到了广泛应用,如 2004 年,王珊琳等探讨 MIKEBASIN 软件在流域水资源配置应用的原理方法,并在东江流域进行了应用。2008 年,杨金玲利用 MIKEBASIN 软件建立了深圳市水资源优化配置模型,并验证了模型较高的仿真度。2012 年,Bangash 等探讨了低流量下河流水量的分配问题,验证了 MIKEBASIN 模型在水文数据稀缺的情况下应用于水资源配置模拟的有效性。2015 年,Charalampos 等使用 MIKEBASIN 软件探讨了减缓气候变化情景下灌区的水资源分配。2017 年,张茜利用 Mike Basin 软件模拟得出长吉经济圈三个水资源预测配置方案。2020 年,王瑶瑶基于莱州市城乡一体供水规划格局,借助 MIKEBASIN 软件进行了水资源优化配置模拟。

GWAS（General Water Allocation and Simulation Model）是中国水利水电科学研究院自主研发的一款水资源配置通用软件补充。2019 年,桑学锋等基于自然-社会二元水循环理论,研究出能适时实现自然-社会水资源互馈的 WAS 模型,并在 WAS 模型基础上开发出 GWAS 水资源模型软件,获得了广泛应用。同年,常奂宇以总分嵌套汇流技术和汇流拓扑演算方法与 WAS 模型结合,应用于用水竞争强、人类活动剧烈的京津冀地区。2020 年,闫小斌针对陕北农牧交错带日益增长的水资源供需矛盾,建立了基于二元水循环过程的 WAS 模型,并对 2030 年该交错带水资源进行配置与分析。杜丽娟等针对潏史杭灌区多水源、多目标的灌溉系统,建立基于水循环的空间分布式 GWAS 配置模型进行 2025 年的水资源配置规划。严子奇等通过概化多供水节点、划定需水单元和经济社会单元,建立坪山河流域 GWAS 模型得出水库、再生水的联合生态补水方案。Yan 等将社会经济用水、水库发电和河流生态纳入配置目标,研究结果解释了水资源配置系统中三者的竞争关系。

综上可知,当前越来越多的智能优化算法和水资源配置模型被引入水资源优化配置领域,较常规线性规划求解方法而言,智能优化算法和水资源配置模型软件具有更加良好的适用性,求解过程也更加快捷方便。未来随着社会对水资源管理的要求进一步提高,水资源配置模型将会向更精细化、更侧重生态效益和环境效益的方向发展。

水资源优化配置课题在研究区域、研究目标和研究方法上均取得了丰硕成果,但当前研究比较注重新型算法或模型在大区域上的应用,在小区域的精细化尺度配置模拟及从单元、行业、水源结构等不同角度的详尽剖析上仍需改进。

2.4　当前面临的问题与挑战

目前,水资源优化配置研究已取得了丰硕成果,并随着科学技术的发展而不断得到拓展和完善,但还存在以下问题:

(1)水资源优化配置研究往往重视方法的创新性,而忽略了在实践中的可操作性。当前大多数水资源优化配置的研究特色都落脚于模型算法的优化,但由于资料限制和研究本身具有的复杂性,研究成果大都泛而不精,很少有研究成果可以做到精细化调配。

(2)对水资源优化配置调控措施不够细化。具体的水资源调控措施的可行性是佐证配置结果合理性的基础,目前水资源优化配置的研究多以根据区域实际情况和研究目标去选择备选方案中的最优解,往往缺少针对最优方案的区域水资源调控措施分析。

第 3 章　GWAS 模型构建与求解

3.1　GWAS 优化配置策略

　　水资源优化配置的目标是通过合理配置水资源以满足社会经济、自然环境协调发展。在满足生态环境用水的前提下使有限的水资源产生最大的社会经济效益,促进经济社会的发展。为实现上述目标,GWAS 水资源优化配置遵照如下策略。

3.1.1　人均用水量逐步趋近策略

　　水资源尽管具有生态、经济和社会等多种属性,但无法以经济方式进行生产,因此它不是一种典型的经济商品,在缺水地区首先表现为要满足生活和最为必要的生产等基本需求。区域内人人享有平等的生存权和发展权,对水资源的使用权也应当大体相等。因此,为保障区域社会进步的公平性,水资源分配的首要原则就是区域的用水状况应当基本均衡。这是基于人权平等的一种先进用水理念,其适用范围是在相近的自然条件下尽可能地大。但由于水资源天然时空分布和社会生产力分布的不一致性,人均水资源使用权大体相等不可能完全做到,而是一个需要为之努力的目标,在长期过程中应使更大范围内的人均用水量逐步趋近。

3.1.2　高效用水者优先配水策略

　　水资源配置行为是为了资源利用总体效益的最大化,而实现这一目标的唯一手段是提高各地水资源的利用效率。国际上,水资源利用的合理性也是水资源使用权占有的主要构成要素之一,如加利福尼亚州将用水合理性的概念纳入州法典中,规定任何人没有不合理使用水的权利,包括浪费用水。因此,在水资源短缺的条件下,高效用水者应当优先配水。

3.1.3　缺水程度大致均衡策略

　　由于受各方面条件的约束,一些区域的水资源总量并不能全面满足区域对水资源的需求。即使水库联合补偿调节实现以后,仍将会面临缺水的困扰。在供水分配上不仅要遵循人均用水量逐步趋近、以现状用水为基础逐步调整和高效用水者优先配水等原则,还要保障不同地区社会发展的公平性和均衡性,不能使部分或个别地区因缺水而严重影响区域发展秩序。因此,应当实行水资源短缺的公平分担,实现整个区域的共同发展。基于以上考虑,进行水资源合理配置后不同单元不同用途用户的缺水率应当大致均衡,这既是调控的原则之一,也是方案合理性评判的标准之一。

　　上述原则就一般情况而制定,其重要性与提出的次序相一致。一般而言,水资源配置目标之间具有竞争性,是一个典型的多目标决策问题。应在以上配水原则的指导下对水资源尽可能进行有效、公平的分配。

3.2　GWAS 优化配置模型构建

3.2.1　目标函数

水资源优化配置模型中,其目标函数是代表某一区域可持续发展过程中各方面需考虑的主要指标,用来衡量水资源优化配置方案的优劣。基于 3.1 节所述要遵循的原则以及为了更好地满足生活、生产和生态等用水需求,本书将采用公平性最优和缺水率最小为水资源优化配置的目标函数。

3.2.1.1　公平性最优目标

公平性目标函数用来表述单元年缺水率之间的差异程度,差异程度越小说明各计算单元之间的缺水率越趋于一致,公平性体现最好;反之,各计算单元之间的需水保障程度不一致,不能很好地体现公平性。数学表达式为

$$\mathrm{Min}F(x) = \sum_{y=1}^{myr} \sum_{n=1}^{12} \sum_{h=1}^{mh} q_h \cdot GP(x_h) \tag{3-1}$$

$$GP(X_h) = \sqrt{\frac{1}{mu-1} \cdot \sum_{u=1}^{mu} (x_h^u - \overline{x_h})^2} \tag{3-2}$$

式中:$F(x)$ 为供水胁迫目标;$GP(x_h)$ 为供水胁迫函数;q_h 为行业用户惩罚函数;x_h^u 为区域单元 u 中行业用户 h 的缺水率;$\overline{x_h}$ 为区域单元 u 中行业用户 h 的缺水率均值;myr 为计算时段的年数;n 为年内月值;mh 为区域行业用水类型的数目;mu 为区域单元数目。

3.2.1.2　缺水率最小目标

缺水率目标函数是整个区域年缺水量与需水量之间的比值,反映了整个区域配置结果中供水量对需水量的满足程度,缺水率越小,说明供水保障率越大;反之,则说明供水保障率越小。数学表达式为

$$\mathrm{Min}Y(x) = \sum_{y=1}^{myr} \sum_{n=1}^{12} \sum_{h=1}^{mh} q_h \cdot SW(X_h) \tag{3-3}$$

$$SW(x_h) = \frac{1}{mu} \cdot \sum_{u=1}^{mu} \left| (x_h^u - Sob_h^n) \right| \tag{3-4}$$

式中:$Y(x)$ 为供水胁迫目标;$SW(x_h)$ 为供水胁迫函数;q_h 为行业用户惩罚函数;x_h^u 为区域单元 u 中行业用户 h 的缺水率;Sob_h^n 为区域行业用户 h 的各月供水胁迫目标理想值;myr 为计算时段的年数;n 为年内月值;mh 为区域行业用水类型的数目;mu 为区域单元数目。

3.2.1.3　总目标

总目标的计算是对公平性目标和缺水率目标进行加权求和,总目标函数值越小说明水资源的配置结果越好,越能满足全局最优化。数学表达式为

$$T_{总目标} = F_{公平性目标} \cdot K_f + Y_{缺水率目标} \cdot K_y \tag{3-5}$$

式中:$T_{总目标}$ 为总目标;$F_{公平性目标}$ 为公平性目标;K_f 为公平性目标函数所占权重;$Y_{缺水率目标}$ 为缺水率目标;K_y 为缺水率目标函数所占权重。

3.2.2 约束条件

约束条件即优化的限制条件。根据区域规划年供需水情况以及区域发展规划,从用水总量和用水效率红线的角度确定模型的约束条件主要有以下 5 个:

(1)水资源承载力约束。各水源向各区(县)/乡(镇)单元不同行业的总供水量不超过该水源的可供水总量,即

$$\sum_{h=1}^{u} X_{ih}^{u} \leqslant P_i^u \tag{3-6}$$

式中:X_{ih}^{u} 为各水源 i 向不同区(县)/乡(镇)单元 u 的各行业 h 总供水量;P_i^u 为水源 i 向 u 乡(镇)单元的供水量,万 m³。

(2)需水量约束。输入各区(县)/乡(镇)、各行业需水量应在相应的最大需水量、最小需水量之间,即

$$D_{h\min}^{u} \leqslant \sum_{h=1}^{u} X_{ih}^{u} \leqslant D_{h\max}^{u} \tag{3-7}$$

式中:$D_{h\max}^{u}$、$D_{h\min}^{u}$ 分别为各区(县)/乡(镇)单元 u 在各行业 h 的最大需水量、最小需水量,万 m³。

(3)输水能力约束。各水源的总供水量不超过该水源的输水能力上限,即

$$X_{ih}^{u} \leqslant Q_i^u \tag{3-8}$$

式中:Q_i^u 为 i 水源向各区(县)/乡(镇)单元 u 供水的输水能力上限,万 m³。

(4)用水总量约束。要求可供水量之和小于等于区域的用水总量限制红线,即

$$\sum_{h=1}^{u} P_{ih}^{u} \leqslant W \tag{3-9}$$

式中:W 为用水总量控制指标,万 m³。

(5)变量非负约束,即供水量非负:

$$X_{ih}^{u} \geqslant 0 \tag{3-10}$$

式中:X_{ih}^{u} 为 i 水源向各区(县)/乡(镇)单元 u 各行业用户 h 供水的输水能力上限,万 m³。

3.3 GWAS 优化配置求解算法

GWAS 模型的求解理论是将水资源优化问题模拟为生物进化问题,采用的核心算法是带精英策略的非支配排序遗传改进算法(NSGAⅡ-S)。由于多目标规划问题的目标函数存在间断性和多峰型性,而遗传算法在搜索多目标和优化问题方面有较大潜力,且遗传算法不仅可以作用于整个种群,其相较于其他算法,还具有全局收敛性、自组织、自适应的优点,是解决多目标规划问题的有效方法。带精英策略的非支配排序遗传改进算法是在 NSGA-Ⅱ遗传算法的基础上进行改进而得,精英策略即在求解过程中,为避免陷入局部最优的困扰,利用经验干预遗传算法的交配策略,减小接受质量较差的解的概率,选择最优的遗传种子,为下一代保留优良种群;非支配排序即根据实际工程情况的用途需要确定目标的重要程度并排序,经遗传算法的机制不断进化,得到完全不被支配的子集,该非支配子集为非劣解的前

沿。该算法将各水源分给各用水户的水量看作决策变量,编码决策变量之后组成可行解集,通过判断每一个体的满意程度进行优胜劣汰而获得新的可行解集,通过这样的反复迭代计算来完成区域的水资源优化配置。此算法的使用不仅缩短了模型的计算时间,同时优化原有的算法程序,使计算结果更加精确。图 3-1 为 NSGAⅡ-S 算法流程。

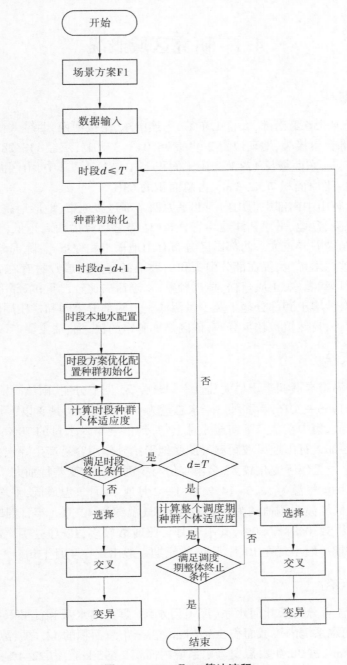

图 3-1　NSGAⅡ-S 算法流程

第 4 章　邯郸市水资源优化配置研究

4.1　研究区域概况

4.1.1　自然地理

邯郸市位于河北省最南部,太行山东麓,东连山东,南接河南,西靠太行山与山西省为邻,北与河北省邢台市接壤,地理位置在北纬 36°04′~37°01′,东经 113°28′~115°28′。市境南北相距 102 km,东西最长 178 km,国土面积 12 047 km²。其中,山区面积 4 460 km²,占总面积的 37%;平原面积 7 587 km²,占总面积的 63%。

邯郸市属太行山中南部中低山向河北平原西南部过渡地带,地形地貌复杂多变,形式多样,中低山、丘陵、盆地、平原和洼地均有分布,地势总趋势为西高东低,自南向北倾斜。土壤种类繁多,植被差异较大。西部山区分布有山地褐土和棕壤土;除部分山地有人工造林外,大部分山地树木稀少,仅在部分山头和山坡上尚有少量成片林存在,在有土壤覆盖的地方生长着野草和灌木,土质疏松,植被较差,水土流失比较严重;东部平原广泛分布有各种类型的潮土、沙壤土和部分盐土及少量沼泽土。除部分果园和村庄周围及道路、河沟两侧有少量树木外,自然植被较少分布,该区是邯郸市的粮、棉、油主要产区之一。

4.1.2　水文气象

邯郸市属暖温带半湿润半干旱大陆性季风气候区,四季分明,雨热同期。多年平均降水量 537.6 mm(1956—2016 年系列),降水总量为 64.76 亿 m³,具有以下特点:一是年内各季分配不均,降水集中在 7 月下旬至 8 月上旬,约占全年降水量的 70%;二是同一时期区域分布不均,西部太行山迎风坡暖湿气团受地形抬升作用容易产生降水,东部平原区相对年降水量偏少;三是年际变化较大,多雨年份与少雨年份的变差特别大。

邯郸市多年平均气温为 12.5~14.2 ℃,1—2 月或 12 月气温最低,平均气温为-3.8~-1.5 ℃,历史最低气温观测值约为-23 ℃;最高气温约为 42 ℃。年日照时数为 2 300~2 780 h,日照率为 52.0%~60.0%,其中 5 月日照时数较多,12 月、1 月较少。无霜期为 194~218 d,初霜期一般出现在 10 月下旬,终霜期一般出现在 4 月上旬。

4.1.3　河流水系

邯郸市的河流可分为子牙河水系、漳卫河水系、黑龙港水系和徒骇马颊河水系四部分。其中,子牙河水系境内流域面积 5 367 km²,占全市总面积的 44.6%;漳卫河水系境内流域面积 3 620 km²,占 30.0%;黑龙港水系境内面积 2 695 km²,占 22.4%;马颊河境内流域面积 365 km²,占 3.0%。

主要河流包括:①漳河、卫河及卫运河,位于邯郸市的南部和东部,属漳卫河水系;②滏阳河、洺河及留垒河,位于邯郸市的西北部和中北部,属子牙河水系;③老漳河和老沙河,位于邯郸市东北部的曲周、广平和邱县一带,属黑龙港水系的排沥河道;④马颊河,位于大名县东南部,卫河东侧,以排泄汛期沥水为主,属徒骇马颊河水系。

4.1.4　水利工程

根据《邯郸市水利统计年鉴》《邯郸市水资源公报》等有关资料统计结果,截至 2018 年底,邯郸市境内现有各类水库 80 座,合计总库容 16.478 1 亿 m^3;共有机井 232 646 眼,取水井 125 581 眼,年取水量达 11.32 亿 m^3;21 处万亩(1 亩 = 1/15 hm^2,全书同)以上灌区中有 16 处发挥了效益,实际用于农田灌溉的水量为 3.042 亿 m^3,实灌面积 110.0 万亩,占有效灌溉面积的 36.2%,农田灌溉亩均用水量 279.1 m^3。

与邯郸市密切相关的引调水工程主要为南水北调中线工程、引黄入邯工程与提卫工程。其中,南水北调中线工程总干渠邯郸段全长约 80 km;引黄入邯工程是河北省引黄西线工程的重要组成部分,自濮阳市濮清南总干渠首引黄河水,在邯郸市魏县第六店村西穿卫河入冀,邯郸市境内干渠全长约 110 km;提卫工程是指在魏县南端,通过军留扬水站提取卫水,以保证军留灌区及东风渠、超级支渠、魏大馆排水渠沿线的农田灌溉用水。

4.1.5　产业结构

据《邯郸统计年鉴 2019》,2018 年邯郸市国内生产总值 3 259.22 亿元,比 2017 年增长 6.4%。其中,第一产业增加值 313.34 亿元,增长 2.7%;第二产业增加值 1 511.76 亿元,增长 3.4%;第三产业增加值 1 434.12 亿元,增长 10.7%。三次产业比例由 2017 年的9.1:47.9:43.0 调整为 9.6:46.4:44.0。

4.1.6　经济社会

邯郸市兼有山区和平原,自然资源丰富。西部山区的煤炭、冶金、建材、电力、陶瓷、医药和化工等是本市的重要产业。东部平原土地肥沃,日照充足,是全省粮、棉、油的高产区之一。涉县的花椒、魏县的鸭梨和峰峰的陶瓷均在全国享有盛誉。市级政府驻地位于古城邯郸,地理位置优越,交通通信便利,是晋、冀、鲁、豫四省的经济、商贸和交通要冲,是邯郸区域的经济、文化和交通中心。

据《邯郸统计年鉴 2019》,2018 年底邯郸市总人口 1 057.54 万,其中非农业人口 474.88 万,占总人口的 44.9%。2018 年邯郸市生产总值增长 6.4%,固定资产投资增长 6.6%,规模以上工业增加值增长 4.5%;全部财政收入突破 400 亿元大关,达到 438.1 亿元,增长 19.1%,税收占比提高 2.8 个百分点;一般财政预算收入 243.4 亿元,增长 10.6%,税收占比提高 2.5 个百分点;新增贷款 274.6 亿元,增长 7.3%;社会消费品零售总额完成 1 686.8 亿元,增长 9.3%;出口总值完成 99 亿元,增长 8.2%。规模以上工业企业实现利润 288.4 亿元,增长 33.7%;城镇、农村居民人均可支配收入分别达 31 133 元、14 307 元,分别增长 8.2% 和 8.8%。

4.2　水资源开发利用现状分析

4.2.1　供水量现状

4.2.1.1　现状年供水量

　　根据《2018 年邯郸市水资源公报》,2018 年邯郸市各类水利工程向工农业及城镇生活提供总水量 18.87 亿 m³,其中地表水 8.52 亿 m³,占总供水量的 45.2%,包括引水工程供水量 3.94 亿 m³,占总供水量的 20.9%,蓄水工程供水量 0.90 亿 m³,占总供水工程的 4.8%,提水工程供水量 1.62 亿 m³,占总供水量的 8.6%,跨流域调水供水量 2.06 亿 m³,占总供水量的 10.9%;地下水 10.35 亿 m³,占总供水量的 54.8%,包括深层淡水供水量 2.88 亿 m³,占地下水供水总量的 27.9%,浅层淡水供水量 6.91 亿 m³,占地下水供水总量的 66.7%,微咸水供水量 0.56 亿 m³,占地下水供水总量的 5.4%。2018 年邯郸市供水量见表 4-1。

表 4-1　2018 年邯郸市供水量　　　　　　　　　　单位:亿 m³

地表水供水量				地下水供水量			合计
引水	蓄水	提水	跨流域调水	深层淡水	浅层淡水	微咸水	
3.938 7	0.902 3	1.623 9	2.056 4	2.883 1	6.908 5	0.556 7	18.869 6

4.2.1.2　供水量变化

　　邯郸市 2014—2018 年各类水源供水量、地表水供水量、地下水供水量变化见图 4-1~图 4-3。2018 年全市供水总量 18.87 亿 m³,较 2014 年相比净减水量 1.27 亿 m³,总体呈下降趋势。从各类水源来看,2018 年地下水供水量 10.35 亿 m³,较 2014 年净减水量 3.36 亿 m³,与总供水量变化趋势一致;地表水供水量总体呈稳定上升的趋势。从供水结构来看,地下水供水量占总供水量的 55%~68%,是全市供水水源的主要类型;地表水供水量占总供水量的 32%~45%。

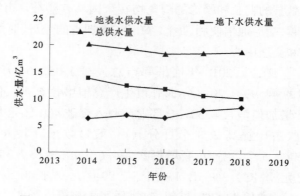

图 4-1　邯郸市 2014—2018 年各类水源供水量变化

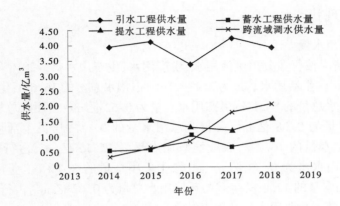

图 4-2 邯郸市 2014—2018 年地表水供水量变化

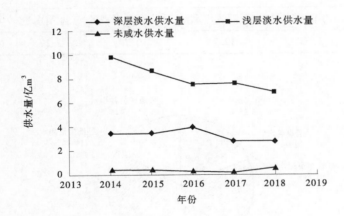

图 4-3 邯郸市 2014—2018 年地下水供水量变化

在地表水供水水源中,2016 年前后引水工程供水量变化幅度较大,到 2018 年供水量与 2014 年持平,占地表水供水量的 46%～62%;提水工程供水量 2014—2017 年呈稳定下降趋势,到 2018 年供水量略有增加,占地表水供水量的 15%～24%;2018 年跨流域调水供水量较 2014 年净增水量 1.73 亿 m³,其中 2016—2017 年增加量最大,占地表水供水量的 5%～24%;2018 年蓄水工程供水量较 2014 年净增水量 0.35 亿 m³,2016 年前呈上升趋势,2016 年后呈下降趋势,占地表水供水量的 8%～15%。

在地下水供水水源中,2018 年浅层淡水量较 2014 年净减水量 2.90 亿 m³,且在 2016 年后下降幅度有所缓和,占地下水供水量的 64%～72%;深层淡水在 2016 年前呈增加趋势,2016 年后呈下降趋势,且 2018 年较 2014 年净减水量 0.58 亿 m³,占地下水供水量的 25%～34%;微咸水供水量较少,基本保持稳定。

4.2.2　用水量现状

4.2.2.1　现状年用水量

邯郸市用水情况按行业分为生活用水、生产用水、生态用水等。2018 年,邯郸市总用水量为 18.87 亿 m³。生活用水总量为 3.13 亿 m³,占用水总量的 16.6%;生产用水总量为 15.12 亿 m³,占用水总量的 80.1%;生态用水总量为 0.62 亿 m³,占用水总量的 3.3%。其中,城镇公共用水量为 0.08 亿 m³,占行业总用水量的 0.4%;居民生活用水量为 3.05 亿 m³,占行业总用水量的 16.2%;农业灌溉用水量为 12.15 亿 m³,占行业总用水量的 64.4%;林牧渔畜用水量为 0.70 亿 m³,占行业总用水量的 3.7%;工业用水量为 2.27 亿 m³,占行业总用水量的 12.0%;生态与环境用水总量为 0.62 亿 m³,占行业总用水量的 3.3%。2018 年邯郸市行业用水量及用水结构见表 4-2 和图 4-4。

表 4-2　2018 年邯郸市行业用水量　　　　　　　　　　单位:亿 m³

生活用水量		生产用水量			生态用水量	合计
城镇公共用水量	居民生活用水量	农田灌溉用水量	林牧渔畜用水量	工业用水量		
0.08	3.05	12.15	0.70	2.27	0.62	18.87

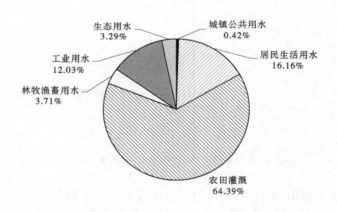

图 4-4　2018 年邯郸市行业用水结构示意

4.2.2.2　用水量变化

邯郸市 2014—2018 年各类用水量及其占比变化分别见图 4-5、图 4-6。近五年邯郸市总用水量减少 1.27 亿 m³,下降幅度 6.3%,总体上呈下降趋势,2016 年前下降较明显,2016 年后变化平缓,呈上升趋势。从用水结构来看,农业用水量近五年有一定的波动,但变化不大(12 亿~15 亿 m³),占总用水量的比例为 67%~73%;工业用水量总体上呈缓慢下降趋势,2017 年后略有上升,占总用水量的比例为 11%~13%;城镇生活用水量的波动范围为 1.5 亿~2.5 亿 m³,占总用水量的比例为 7%~13%;农村人畜用水量变化不大,2016 年前逐渐降低,2016 年后略有上升,占总用水量的比例为 6%~8%。

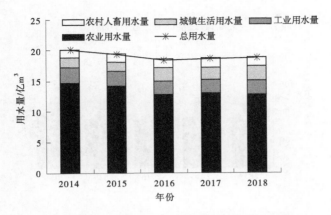

图 4-5　邯郸市 2014—2018 年用水量变化

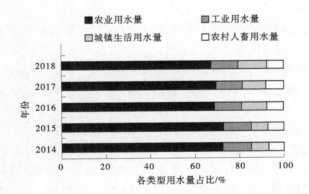

图 4-6　邯郸市 2014—2018 年各类用水量占比变化

4.2.3　水资源开发利用程度分析

4.2.3.1　综合用水水平分析

1. 人均用水量

人均用水量是用水水平的综合性指标,反映区域常住人口与用水量的关系。由国家统计局数据以及 2014—2018 年邯郸市水资源公报资料计算得知,2014—2018 年邯郸市人均用水量变化范围为 175~200 m³/人,其中 2016 年前人均用水量逐渐减少,2016 年后逐渐增加,且 2017—2018 年增加幅度最大,增加了 21.02 m³/人。

由国家统计局数据、2014—2018 年全国水资源公报资料以及 2014—2018 年河北省水资源公报资料计算得知,2014—2018 年全国人均用水量范围为 432~447m³/人,2014—2018 年河北省人均用水量范围为 242~262 m³/人。与全国相比,2014—2018 年邯郸市人均用水量均低于全国,相差范围为 234~263 m³/人。与全省相比,五年内邯郸市人均用水量均低于全省人均用水量,相差范围为 44~70 m³/人。全国、河北省和邯郸市 2014—2018 年人均用水量对比见图 4-7。

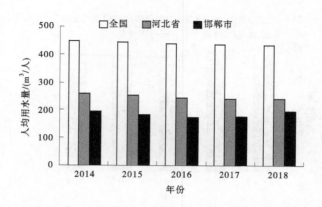

图 4-7　全国、河北省和邯郸市 2014—2018 年人均用水量对比

2. 万元 GDP 用水量

万元 GDP 用水量是衡量区域用水水平的综合性指标,反映经济产出与用水的关系。万元 GDP 用水量越小,表示区域单位用水量的经济价值产出越大。由国家统计局数据以及 2014—2018 年邯郸市水资源公报资料计算得知,2014—2018 年邯郸市万元 GDP 用水量变化范围为 50~65 m³/万元,共计减少 10.77 m³/万元,总体上呈下降趋势,且在 2017 年后变化比较平缓。

由国家统计局数据、2014—2018 年全国水资源公报资料以及 2014—2018 年河北省水资源公报资料计算得知,2014—2018 年全国万元 GDP 用水量变化范围为 65~94 m³/万元,2014—2018 年河北省万元 GDP 用水量变化范围为 53~66 m³/万元。与全国相比,2014—2018 年邯郸市万元 GDP 用水量低于全国,相差 11~29 m³/万元。与全省相比,五年内邯郸市万元 GDP 用水量与河北省万元 GDP 用水量数值相差不大,相差范围小于 3 m³/万元。全国、河北省和邯郸市 2014—2018 年万元 GDP 用水量对比见图 4-8。

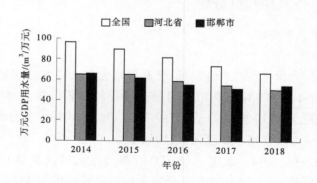

图 4-8　全国、河北省和邯郸市 2014—2018 年万元 GDP 用水量对比

4.2.3.2　工业用水水平分析

万元工业增加值用水量是表示区域工业用水水平的指标,该指标越小,表明区域单位用水量的工业生产经济价值产出越大,工业用水效率越高。由国家统计局数据以及

2014—2018 年邯郸市水资源公报资料计算得知,2014—2018 年邯郸市万元工业增加值用水量变化范围为 14~19 m³/万元。从整体上看,邯郸市近五年万元工业增加值用水量呈下降趋势,在 2015—2016 年下降幅度最大,为 13.5%,在 2017—2018 年用水量略有增加。

由 2014—2018 年全国水资源公报资料得知,2014—2018 年全国万元工业增加值用水量变化范围为 41~60 m³/万元,由国家统计局数据以及 2014—2018 年河北省水资源公报计算得知,2014—2018 年河北省万元工业增加值用水量变化范围为 11~16 m³/万元。与全国相比,2014—2018 年邯郸市万元工业增加值用水量低于全国。与全省相比,2014—2018 年邯郸市万元工业增加值用水量与河北省万元工业增加值用水量数值相差不大。全国、河北省和邯郸市 2014—2018 年工业用水水平对比见图 4-9。

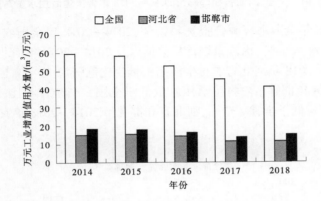

图 4-9　全国、河北省和邯郸市 2014—2018 年工业用水水平对比

4.2.3.3　生活用水水平分析

1. 城镇生活用水量

城镇生活用水量反映了城镇居民家庭日常生活的用水水平。2014—2018 年邯郸市城镇生活用水量变化范围为 107~140 L/(人·d),邯郸市近五年城镇生活用水量增加 19 L/(人·d),增加幅度为 15.7%,总体上呈上升趋势。

由 2014—2018 年全国水资源公报资料得知,2014—2018 年全国城镇生活用水量变化范围为 213~225 L/(人·d),由国家统计局数据以及 2014—2018 年河北省水资源公报资料计算得知,2014—2018 年河北省城镇生活用水量变化范围为 106~118 L/(人·d)。与全国相比,2014—2018 年邯郸市城镇生活用水量低于全国。与全省相比,2014—2018 年邯郸市城镇生活用水量与河北省城镇生活用水量数值相差不大。全国、河北省和邯郸市 2014—2018 年城镇生活用水量对比见图 4-10。

2. 农村生活用水量

农村生活用水量反映了农村居民家庭日常生活的用水水平。由 2014—2018 年邯郸市水资源公报资料得知,邯郸市近五年农村生活用水量有一定的波动,但变化不大,每年为 56~67 L/(人·d)。

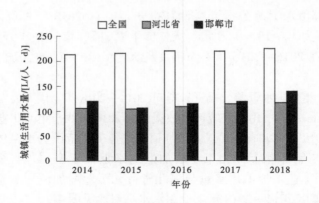

图 4-10　全国、河北省和邯郸市 2014—2018 年城镇生活用水量对比

由 2014—2018 年全国水资源公报资料得知,2014—2018 年全国农村生活用水量变化范围为 81~89 L/(人·d),由国家统计局数据以及 2014—2018 年河北省水资源公报资料计算得知,2014—2018 年河北省农村生活用水量变化范围为 73~79 L/(人·d)。与全国相比,2014—2018 年邯郸市农村生活用水量低于全国。与全省相比,2014—2018 年邯郸市城镇生活用水量低于全省。全国、河北省和邯郸市 2014—2018 年农村生活用水量对比见图 4-11。

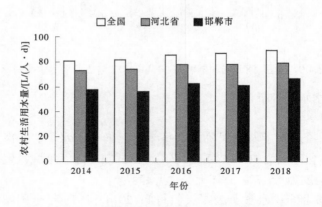

图 4-11　全国、河北省和邯郸市 2014—2018 年农村生活用水量对比

4.2.3.4　农业用水水平分析

农业是邯郸市的主要用水户,选取农田灌溉水利用系数对农业用水水平进行评价。2014—2018 年邯郸市农田灌溉水利用系数变化范围为 0.650~0.662,邯郸市 2016—2019 年农田灌溉水利用系数呈上升趋势,且在 2017—2018 年上升幅度最大。

由 2014—2018 年全国水资源公报资料以及 2014—2018 年河北省水资源公报资料得知,2014—2018 年全国农田灌溉水利用系数变化范围为 0.530~0.554,2014—2018 年河北省农田灌溉水利用系数变化范围为 0.664~0.673。与全国相比,2014—2018 年邯郸市农田灌溉水利用系数高于全国。与全省相比,2014—2018 年邯郸市农田利用系数略低于全省,相差范围不大。全国、河北省和邯郸市 2014—2018 年农业用水水平对比见图 4-12。

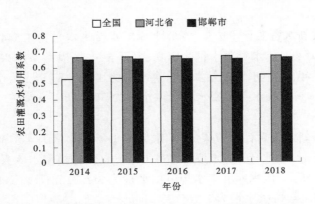

图 4-12　全国、河北省和邯郸市 2014—2018 年农业用水水平对比

整体而言,2014—2018 年人均用水量均低于全省和全国人均用水量,2014—2018 年万元 GDP 用水量逐年减少且数值和全省几乎一致,低于全国(11~29 m³/万元)。2014—2017 年工业用水水平逐年提高,工业用水效率逐年提高,2017—2018 年工业用水水平略有下降,工业用水效率下降;2014—2015 年城镇生活用水量减少,2015—2018 年城镇生活用水量逐年增加,2014—2018 年农村生活用水量有一定的波动,但变化不大[56~67 L/(人·d)];2014—2018 年农业用水水平逐年提高,农业用水效率逐年提高。

4.3　近期规划水平年供需平衡分析

4.3.1　可供水量预测

4.3.1.1　地表水可供水量

邯郸市地表水源供水量分为蓄水工程供水量、引水工程供水量、提水工程供水量和跨流域调水量。依据邯郸市水资源评价,近期规划水平年不同保证率的邯郸市地表水可供水量,主要包括清漳河入境水量,大跃峰渠引水量,青塔水库、车谷水库、大洺远水库、口上-四里岩水库群、岳城水库、东武仕水库等大中型水库供水及小型水库供水,分述如下。

1. 蓄引水工程

2025 年蓄水工程可供水量水源主要有大中型水库及其配套引水工程,山区小型水库。其中,大中型水库及其配套引水工程有青塔水库、车谷水库、口上-四里岩水库群、大洺远水库、岳城水库及民有渠系、茅岭底水库、东武仕水库及大小跃峰引水渠系,分述如下。

1) 青塔水库

依据河北省最新水资源评价成果,青塔水库丰水年来水量为 1 058.17 万 m³,平水年来水量为 516.09 万 m³,枯水年来水量为 273.46 万 m³。经模型水库兴利调节计算,最终可得近期规划水平下,丰水年青塔水库可供水量为 1 032.43 万 m³,平水年青塔水库可供水量为 509.38 万 m³,枯水年青塔水库可供水量为 269.86 万 m³。

2）车谷水库

依据河北省最新水资源评价成果,车谷水库丰水年来水量为 1 544.74 万 m³,平水年来水量为 748.44 万 m³,枯水年来水量为 380.91 万 m³。经模型水库兴利调节计算,最终可得近期规划水平年下,丰水年车谷水库可供水量为 1 305.83 万 m³,平水年车谷水库可供水量为 744.05 万 m³,枯水年车谷水库可供水量为 376.77 万 m³。

3）口上-四里岩水库群

依据河北省最新水资源评价成果,口上水库丰水年来水量为 4 813.49 万 m³,平水年来水量为 2 614 万 m³,枯水年来水量为 1 274.06 万 m³。经模型水库兴利调节计算,最终可得近期规划水平年下,该水库群丰水年可供水量为 3 707.58 万 m³,平水年可供水量为 2 513.05 万 m³,枯水年可供水量为 1 266.73 万 m³。

4）大洺远水库

依据河北省最新水资源评价成果,大洺远水库丰水年来水量为 5 168.82 万 m³,平水年来水量为 2 787.31 万 m³,枯水年来水量为 1 504.95 万 m³。经模型水库兴利调节计算,最终可得近期规划水平年下,丰水年大洺远水库可供水量为 3 041.65 万 m³,平水年大洺远水库可供水量为 2 745.45 万 m³,枯水年大洺远水库可供水量为 1 492.52 万 m³。

5）岳城水库及民有渠系

依据河北省最新水资源评价成果,岳城水库及民有渠系丰水年来水量为 73 971.17 万 m³,平水年来水量为 30 276.84 万 m³,枯水年来水量为 16 045.98 万 m³。经模型水库兴利调节计算,最终可得近期规划水平年下,丰水年岳城水库及民有渠系可供水量为 42 863.01 万 m³,平水年岳城水库及民有渠系可供水量为 28 850.14 万 m³,枯水年岳城水库及民有渠系可供水量为 15 942.13 万 m³。

6）茅岭底水库

依据相关规划成果,茅岭底水库丰水年来水量为 8 799.63 万 m³,平水年来水量为 6 895.00 万 m³,枯水年来水量为 4 558.00 万 m³。经模型水库兴利调节计算,最终可得近期规划水平年下,丰水年茅岭底水库可供水量为 2 055.23 万 m³,平水年茅岭底水库可供水量为 2 000.27 万 m³,枯水年茅岭底水库可供水量为 2 073.83 万 m³。

7）东武仕水库及大小跃峰渠系

依据河北省最新水资源评价成果,东武仕水库及大小跃峰渠系丰水年来水量为 73 971.17 万 m³,平水年来水量为 30 276.84 万 m³,枯水年来水量为 16 045.98 万 m³。经模型水库兴利调节计算,最终可得近期规划水平年下,丰水年东武仕水库及大小跃峰渠系可供水量为 44 042.70 万 m³,平水年东武仕水库及大小跃峰渠系可供水量为 30 249.84 万 m³,枯水年东武仕水库及大小跃峰渠系可供水量为 16 018.98 万 m³。

8）山区小型水库

依据山区小型水库的兴利库容,采用兴利库容乘以复蓄系数估算小型水库的可供水量。丰水年山区小型水库可供水量为 10 814.38 万 m³,平水年山区小型水库可供水量为 8 110.79 万 m³,枯水年山区小型水库可供水量为 5 407.19 万 m³。

2. 天然河道可利用量

根据邯郸市实际情况,天然河道可利用量主要是清漳河河道可利用量。依据水资源评价结果,可得清漳河不同水平年入境水量,其中丰水年清漳河入境水量为 17 800.00 万 m³,平水年清漳河入境水量为 8 000.00 万 m³,枯水年清漳河入境水量为 5 300.00 万 m³。经计算后得出近期规划水平年下,清漳河丰水年河道可利用量为 14 930.21 万 m³,平水年河道可利用量为 5 130.21 万 m³,枯水年河道可利用量为 2 430.21 万 m³。

4.3.1.2　地下水可供水量

依据邯郸市水资源评价,平原区和山区的地下水可供水量均基于地下水可开采量考虑,2025 年邯郸市平原区和山区的地下水可开采量分别为 60 365 万 m³ 和 24 954 万 m³。

4.3.1.3　外调水可供水量

外调水源主要是南水北调中线和引黄入冀补淀工程,其中长江水主要用于中东部城乡的生活和工业供水,黄河水用于东部八县的农业和生态。依据《河北省南水北调中线配套工程规划》及《邯郸市南水北调配套工程水厂以上输水管道工程可行性研究报告》,引江工程向邯郸市年均供水 3.52 亿 m³。依据《河北省地下水超采综合治理实施方案》,邯郸市引黄入邯水量为 1.39 亿 m³。

4.3.1.4　再生水可供水量

再生水可供水量即为城镇生活用水量和工业用水量的污水回收利用。两者的计算方法表述为:城镇生活用水量乘以折污系数 0.8,再乘以污水收集系数 0.9,再乘以再生水折算系数 0.9,可得城镇生活用水量对应的再生水可供水量;工业用水量乘以折污系数 0.2,再乘以污水收集系数 0.95,再乘以再生水折算系数 0.9,可得工业用水量对应的再生水可供水量,计算公式如下:

$$再生水可供水量=用水量×污水处理系数×再生水折算系数 \qquad (4\text{-}1)$$

其中,折污系数根据《生活源产排污系数及使用说明》(修订版 201101),一般生活污水及其他污水产污系数按 0.85 计;工业用水存在回用和漏失,产污系数一般较低,可根据实际情况确定不同水平年的产污系数。

最终计算可得邯郸市 2025 年的再生水可供水量为 22 095.52 万 m³。

4.3.1.5　可供水总量

综上所述,2025 年邯郸市丰水年可供水量总计为 291 982.54 万 m³,平水年为 249 042.7 万 m³,枯水年为 213 467.74 万 m³。不同水平年各区县可供水量总量及不同类型可供水量见表 4-3~表 4-5。

4.3.2　需水预测

4.3.2.1　国民经济发展预测

1. 国内生产总值预测

邯郸市国内生产总值(GDP)增速在近几年趋于稳定,根据"十四五"规划及邯郸市未来产业布局方向综合考虑,认定近期规划年的 GDP 增速应大致保持不变。通过历年统计年鉴得知,邯郸市 2010—2018 年年均增长率为 4.29%,则可计算得出邯郸市 2025 年 GDP 为 53 463 617.59 万元。

2. 人口与城镇化进程预测

根据邯郸市国民经济和社会发展规划,结合近年来人口发展的实际增长状况,认定近期规划水平年和远期规划水平年的人口变化速率大致保持不变。邯郸市 2010—2018 年城镇人口总增长率为 4.3%,农村人口总下降率为 3.5%,则可计算出邯郸市 2025 年总人口为 10 916 864,城镇人口 6 376 333,农村人口 4 540 531,城镇化率为 58%。

3.工业增加值预测

由于邯郸市国内生产总值(GDP)增速在近几年趋于稳定,认定近期规划水平年的工业增加值增速也应大致保持不变。邯郸市 2010—2018 年年均增长率为 4.02%,则可计算得出邯郸市 2025 年工业增加值为 20 319 371.85 万元。

4.建筑业预测

邯郸市建筑业房屋施工面积在近几年下降率趋于稳定,根据"十四五"规划及未来产业布局方向综合考虑,认定近期规划水平年和远期规划水平年的房屋施工面积下降速率应大致保持不变。邯郸市 2010—2018 年年均下降率为 3.64%,则可计算出邯郸市 2025 年房屋建筑施工面积为 26 546 076.33 m²。

5.农田灌溉面积预测

根据邯郸市农田种植情况,将农田分为高效节水灌溉和传统灌溉两种方式,通过查阅邯郸市历年统计年鉴,按照面积比例分配计算得出 2025 年两种种植模式下各植被的种植面积。2025 年农田总灌溉面积为 822.50 万亩,高效节水灌溉面积为 596.66 万亩,传统灌溉面积为 225.85 万亩。

6.畜牧业发展预测

分析邯郸市近 5 年畜牧业发展情况得出,邯郸市畜牧业在近几年下降率趋于稳定,认定近期规划水平年和远期规划水平年的畜牧业也应大致保持一致。通过查阅邯郸市历年统计年鉴得知,邯郸市 2010—2018 年年均下降率为 1.60%,则可计算出邯郸市 2025 年牲畜总数为 6 479.16 万头,大牲畜 381.90 万头,小牲畜 6 097.26 万头。

7.第三产业增加值预测

第三产业由于统计资料难以收集,在计算中不再细分,其需水量按照国民经济增长、社会发展和城市生态及环境保护要求计算,邯郸市 2025 年第三产业万元增加值为 19 243 546.05 万元。

4.3.2.2　生活需水量预测

1.城镇生活需水量预测

依据《生活与服务业用水定额》(DB13/T 5450.1—2021),确定邯郸市 2025 年城镇生活用水定额按 115 L/(人·d)计,管网漏失率为 10%,则可计算出邯郸市 2025 年城镇毛需水量为 29 738.51 万 m³。

2.农村生活需水量预测

依据《生活与服务业用水定额》(DB13/T 5450.1—2021),确定邯郸市 2025 年农村生活用水定额按 55 L/(人·d)计,管网漏失率为 10%,则可计算出邯郸市 2025 年农村毛需水量为 10 127.91 万 m³。

4.3.2.3　生产需水量预测

1.第一产业需水量预测

第一产业需水量预测主要包括农田灌溉需水量预测和畜牧业需水量预测。其中,畜牧业需水量预测方法采用定额法,小牲畜用水定额取 0.5 L/[头(只)·d],大牲畜用水定额取 18 L/[头(只)·d]。管网漏失率为 10%，则 2025 年牲畜总毛需水量为 4 311.73 万 m³，大牲畜毛需水量为 2 987.02 万 m³，小牲畜毛需水量为 1 324.70 万 m³。农田灌溉需水预测采用定额法，2025 年丰水年总净需水量为 105 330.85 万 m³，平水年总净需水量为 144 600.49 万 m³，枯水年总净需水量为 183 393.47 万 m³。

2. 第二产业需水量预测

依据《关于下达"十四五"期间节水主要指标的通知》(冀水节〔2020〕27 号)，确定 2025 年万元工业增加值用水量为 13.2 m²/万元，则可计算得出邯郸市 2025 年工业总需水量为 28 840.40 万 m³。2025 年邯郸市建筑业取水定额与河北省建筑业平均取水定额 0.5 m³/m² 保持一致，管网漏失率为 10%，计算得出其建筑毛需水量为 1 427.21 万 m³。

3. 第三产业需水量预测

根据邯郸市 2018 年第三产业增加制作用水量，预测 2025 年邯郸市第三产业万元增加值用水量为 10 m³/万元，考虑管网漏失率，则可计算出邯郸市 2025 年第三产业毛需水量为 20 691.98 万 m³。

4.3.2.4　生态需水量预测

1. 河道外生态需水量预测

邯郸市绿地用水定额为 0.6 m³/m²，道路用水定额为 0.73 m³/m²，2025 年地表水利用系数为 0.67，则可计算出绿地毛需水量为 5 013.91 万 m³，道路毛需水量为 10 742.99 万 m³，即邯郸市 2025 年河道外生态需水量为 15 756.9 万 m³。

2. 河道内生态需水量预测

河湖补给定额均为 6 000 m³/hm²，渠系水利用系数为 0.6，由于河湖补给量区域稳定，则邯郸市 2025 年丰水年、平水年、枯水年河湖需水量分别相等，丰水年为 1 609.13 万 m³，平水年为 2 386.19 万 m³，枯水年为 3 809.65 万 m³。

4.3.2.5　总需水量预测

综合以上分析成果，得到邯郸市 2025 年总需水量。2025 年丰水年时，总需水量为 217 876.21 万 m³；平水年时，总需水量为 257 881.31 万 m³；枯水年时，总需水量为 298 270.25 万 m³。不同水平年，邯郸市各区县需水总量详见表 4-3~表 4-5。

4.3.3　供需平衡分析

根据可供水量预测和需水量预测，需初步分析邯郸市的水资源供需情况，确定邯郸市水资源主要缺口。近期规划水平年第一次供需平衡分析如表 4-3~表 4-5 所示。从表中可以看出，在 2025 年规划水平年丰水年的情况下，邯郸市的可供水量可以满足邯郸市的实际水量需求，缺水量为 0；平水年，缺水量为 8 838.61 万 m³，缺水率为 3.42%；在 2025 年规划水平年枯水年的情况下，缺水量达 84 802.51 万 m³，缺水率为 39.79%。

从地域分布分析，邯郸市的水资源缺口主要在西部武安和东部平原。其中，武安市的水资源供需矛盾主要由于其水资源禀赋条件差、第二产业需水量较高、部分水利工程年久失修、运行能力下滑等。东部区县水资源量少、人口众多、农业发达，地下水超采严重。

由此可以得出，邯郸市的水资源供需矛盾主要由于水资源量少，且空间分布不均衡，部分地区供需矛盾突出，亟须缓解。

表 4-3 邯郸市 2025 年水资源供需平衡分析（丰水年）

单位：万 m³

行政分区	需水量	供水量								余缺水量
		地表水	地下水	再生水	外调水				合计	
					南水北调	引黄入冀	提卫	小计		
武安市	26 050.33	16 646.59	6 678.00	2 309.75				0	25 634.34	2 367.68
鸡泽县	8 884.10	7 531.30	2 962.00	614.60	600.00	955.00		1 555.00	12 662.90	1 748.20
邱县	7 054.22	6 165.98	1 710.00	438.21	1 300.00	2 395.00		3 695.00	12 009.19	2 467.56
曲周县	12 838.96	10 482.16	535.00	1 012.36	553.00	2 057.00		2 610.00	14 639.52	-527.38
馆陶县	7 750.52	4 367.74	4 309.00	580.09	700.00	240.00	3 000.00	3 940.00	13 196.83	1 914.06
涉县	9 056.77	19 719.05	5 420.00	894.95				0	26 034.00	17 001.05
广平县	5 515.16	3 000.41	1 307.00	568.68	700.00	2 073.00		2 773.00	7 649.09	-654.42
成安县	8 646.10	4 226.29	4 026.00	814.11	674.00			674.00	9 740.40	-2 462.80
魏县	14 713.75	7 653.19	6 358.00	1 587.89	2 100.00	2 183.00	6 000.00	10 283.00	25 882.08	4 403.99
磁县	9 020.03	5 809.63	5 862.00	852.32	3 074.00			3 074.00	15 597.95	7 600.95
临漳县	14 888.35	6 522.46	7 953.00	1 070.93	738.00			738.00	16 284.39	-1 172.85
大名县	19 498.27	8 482.59	9 366.00	1 298.43	790.00	2 346.00	2 500.00	5 636.00	24 783.02	2 728.06
峰峰矿区	7 576.42	2 459.55	9 157.00	1 607.79				0	13 224.34	5 698.73
永年区	17 656.27	11 098.76	7 509.00	1 685.81	3 600.00			3 600.00	23 893.57	2 745.83
肥乡区	12 078.71	6 528.04	1 686.00	825.21	1 000.00	1 624.00	200.00	2 824.00	11 863.25	-4 298.76
市内三区	28 877.85	9 248.97	10 481.00	4 725.61	19 373.00	0	0	19 373.00	43 828.58	16 843.68
全市	217 876.21	123 793.02	85 319.00	20 886.74	35 202.00	13 873.00	11 700.00	60 775.00	29 1982.54	74 106.33

单位:万 m³

表 4-4　邯郸市 2025 年水资源供需平衡分析(平水年)

行政分区	需水量	供水量								余缺水量
		地表水	地下水	再生水	南水北调	外调水			合计	
						引黄入冀	提卫	小计		
武安市	25 913.19	9 111.65	6 678.00	2 309.75				0	18 099.40	−7 813.79
鸡泽县	13 316.02	5 172.72	2 962.00	614.60	600.00	955.00		1 555.00	10 304.32	−3 011.70
邱县	12 863.99	4 234.98	1 710.00	438.21	1 300.00	2 395.00		3 695.00	10 078.19	−2 785.80
曲周县	19 173.15	7 199.46	535.00	1 012.36	553.00	2 057.00		2 610.00	11 356.82	−7 816.33
馆陶县	13 949.67	2 939.83	4 309.00	580.09	700.00	240.00	3 000.00	3 940.00	11 768.92	−2 180.75
涉县	9 473.71	3 125.27	5 420.00	894.95				0	9 440.22	−33.49
广平县	10 132.79	2 019.51	1 307.00	568.68	700.00	2 073.00		2 773.00	6 668.19	−3 464.60
成安县	15 164.83	2 844.62	4 026.00	814.11	674.00			674.00	8 358.73	−6 806.10
魏县	26 306.43	5 151.19	6 358.00	1 587.89	2 100.00	2 183.00	6 000.00	10 283.00	23 380.08	−2 926.35
磁县	9 290.83	3 961.81	5 862.00	852.32	3 074.00			3 074.00	13 750.13	4 459.30
临漳县	21 345.44	4 390.13	7 953.00	1 070.93	738.00			738.00	14 152.06	−7 193.38
大名县	27 000.98	5 709.44	9 366.00	1 298.43	790.00	2 346.00	2 500.00	5 636.00	22 009.87	−4 991.11
峰峰矿区	8 198.84	1 519.77	9 157.00	1 607.79				0	12 284.56	4 085.72
永年区	24 586.08	7 622.96	7 509.00	1 685.81	3 600.00			3 600.00	2 0417.77	−4 168.31
肥乡区	20 108.68	4 393.88	1 686.00	825.21	1 000.00	1 624.00	200.00	2 824.00	9 729.09	−10 379.59
市内三区	30 324.42	6 352.47	10 481.00	4 725.61	19 373.00	0	0	19 373.00	40 932.08	10 607.66
全市	25 7881.31	5 172.72	2 962.00	614.60	600.00	955.00		1 555.00	249 042.70	−8 838.61

表 4-5　邯郸市 2025 年水资源供需平衡分析（枯水年）

单位：万 m³

行政分区	需水量	供水量								余缺水量
		地表水	地下水	再生水	外调水				合计	
					南水北调	引黄入冀	提卫	小计		
武安市	28 410.22	7 431.79	6 678.00	2 309.75				0	16 419.54	-11 990.68
鸡泽县	15 674.93	2 739.25	2 962.00	614.60	600.00	955.00		1 555.00	7 870.85	-7 804.08
邱县	14 885.30	2 242.66	1 710.00	438.21	1 300.00	2 395.00		3 695.00	8 085.87	-6 799.43
曲周县	22 372.39	3 812.52	535.00	1 012.36	553.00	2 057.00		2 610.00	7 969.88	-14 402.51
馆陶县	16 562.76	1 624.50	4 309.00	580.09	700.00	240.00	3 000.00	3 940.00	10 453.59	-6 109.17
涉县	9 914.47	5 624.49	5 420.00	894.95				0	11 939.44	2 024.97
广平县	11 874.19	1 115.95	1 307.00	568.68	700.00	2 073.00		2 773.00	5 764.63	-6 109.56
成安县	17 489.20	1 571.89	4 026.00	814.11	674.00			674.00	7 086.00	-10 403.20
魏县	31 062.30	2 846.47	6 358.00	1 587.89	2 100.00	2 183.00	6 000.00	10 283.00	21 075.36	-9 986.94
磁县	10 582.60	2 130.02	5 862.00	852.32	3 074.00			3 074.00	11 918.34	1 335.74
临漳县	25 229.39	2 425.91	7 953.00	1 070.93	738.00			738.00	12 187.84	-13 041.55
大名县	31 947.00	3 154.95	9 366.00	1 298.43	790.00	2 346.00	2 500.00	5 636.00	19 455.38	-12 491.62
峰峰矿区	8 871.46	965.67	9 157.00	1 607.79				0	11 730.46	2 859.00
永年区	27 995.74	4 036.78	7 509.00	1 685.81	3 600.00			3 600.00	16 831.59	-11 164.15
肥乡区	23 817.89	2 427.99	1 686.00	825.21	1 000.00	1 624.00	200.00	2 824.00	7 763.20	-16 054.69
市内三区	33 373.80	3 363.99	10 481.00	4 725.61	19 373.00	0	0	19 373.00	37 943.60	4 569.80
全市	298 270.25	2 739.25	2 962.00	614.60	600.00	955.00		1 555.00	213 467.74	-84 802.51

4.4　远期规划水平年供需平衡分析

4.4.1　可供水量预测

4.4.1.1　地表水可供水量

邯郸市地表水源供水量分为蓄水工程供水量、引水工程供水量、提水工程供水量和跨流域调水量。依据邯郸市水资源评价,得出远期规划水平年不同保证率的邯郸市地表水可供水量,主要包括清漳河入境水量,大跃峰渠引水量,青塔水库、车谷水库、大洺远水库、口上水库、岳城水库、东武仕水库等大中型水库供水及小型水库供水,分述如下。

1. 蓄引水工程

2025 年蓄水工程可供水量水源主要有大中型水库引水工程及小型水库。其中,大中型水库及其配套引水工程有青塔水库、车谷水库、口上水库和四里岩水库群、大洺远水库、岳城水库及民有渠系、东武仕水库及大小跃峰渠系、茅岭底水库,分述如下。

1)青塔水库

依据河北省最新水资源评价成果,青塔水库丰水年来水量为 1 058.17 万 m³,平水年来水量为 516.09 万 m³,枯水年来水量为 273.46 万 m³。经模型水库兴利调节计算,最终可得远期规划水平年下,丰水年青塔水库可供水量为 1 024.67 万 m³,平水年青塔水库可供水量为 507.97 万 m³,枯水年青塔水库可供水量为 269.86 万 m³。

2)车谷水库

依据河北省最新水资源评价成果,车谷水库丰水年来水量为 1 544.74 万 m³,平水年来水量为 748.44 万 m³,枯水年来水量为 380.91 万 m³。经模型水库兴利调节计算,最终可得远期规划水平年下,丰水年车谷水库可供水量为 1 529.62 万 m³,平水年车谷水库可供水量为 744.30 万 m³,枯水年车谷水库可供水量为 376.77 万 m³。

3)口上-四里岩水库群

依据河北省最新水资源评价成果,口上水库丰水年来水量为 4 813.49 万 m³,平水年来水量为 2 614 万 m³,枯水年来水量为 1 274.06 万 m³。经模型水库兴利调节计算,最终可得远期规划水平年下,丰水年口上水库可供水量为 4 344.10 万 m³,平水年口上水库可供水量为 2 546.27 万 m³,枯水年口上水库可供水量为 1 269.65 万 m³。

4)大洺远水库

依据河北省最新水资源评价成果,大洺远水库丰水年来水量为 5 168.82 万 m³,平水年来水量为 2 787.31 万 m³,枯水年来水量为 1 504.95 万 m³。经模型水库兴利调节计算,最终可得远期规划水平年下,丰水年大洺远水库可供水量为 5 126.13 万 m³,平水年大洺远水库可供水量为 2 741.09 万 m³,枯水年大洺远水库可供水量为 1 476.35 万 m³。

5)岳城水库及民有渠系

依据河北省最新水资源评价成果,岳城水库及民有渠系丰水年来水量为 73 971.17 万 m³,平水年来水量为 30 276.84 万 m³,枯水年来水量为 16 045.98 万 m³。经模型水库兴利调节计算,最终可得远期规划水平年下,丰水年岳城水库及民有渠系可供水量为 70 634.86 万 m³,平水年岳城水库及民有渠系可供水量为 25 868.03 万 m³,枯水年岳城水库及民有渠系可供水量为 15 513.43 万 m³。

　　6）东武仕水库及大小跃峰渠系

　　依据河北省最新水资源评价成果,东武仕水库及大小跃峰渠系丰水年来水量为 73 971.17 万 m³,平水年来水量为 30 276.84 万 m³,枯水年来水量为 16 045.98 万 m³。经模型水库兴利调节计算,最终可得远期规划水平年下,丰水年东武仕水库及大小跃峰渠系可供水量为 73 666.24 万 m³,平水年东武仕水库及大小跃峰渠系可供水量为 30 183.21 万 m³,枯水年东武仕水库及大小跃峰渠系可供水量为 16 018.98 万 m³。

　　7）茅岭底水库

　　依据相关规划成果,茅岭底水库丰水年来水量为 8 799.63 万 m³,平水年来水量为 6 895.00 万 m³,枯水年来水量为 4 558.00 万 m³。经模型水库兴利调节计算,最终可得远期规划水平年下,丰水年茅岭底水库可供水量为 2 319.56 万 m³,平水年茅岭底水库可供水量为 2 267.48 万 m³,枯水年茅岭底水库可供水量为 2 431.66 万 m³。

　　8）山区小型水库

　　依据山区小型水库的兴利库容,采用兴利库容乘以复蓄系数估算小型水库的可供水量。丰水年山区小型水库可供水量为 10 814.38 万 m³,平水年山区小型水库可供水量为 8 110.79 万 m³,枯水年山区小型水库可供水量为 5 407.19 万 m³。

　　2. 天然河道可利用量

　　根据邯郸市实际情况,天然河道可利用量主要是清漳河河道可利用量。依据邯郸市水资源评价结果,可得清漳河不同水平年入境水量,其中丰水年清漳河入境水量为 17 800.00 万 m³,平水年清漳河入境水量为 8 000.00 万 m³,枯水年清漳河入境水量为 5 300.00 万 m³。经计算后得出远期规划水平年下,丰水年河道可利用量为 14 930.21 万 m³,平水年河道可利用量为 5 130.21 万 m³,枯水年河道可利用量为 2 430.21 万 m³。

4.4.1.2　地下水可供水量

　　依据河北省水资源评价,平原区和山区的地下水可供水量均基于地下水可开采量考虑,2035 年邯郸市平原区和山区的地下水可开采量分别为 60 365 万 m³ 和 24 954 万 m³。

4.4.1.3　外调水可供水量

　　外调水源主要是南水北调中线工程和引黄入冀补淀工程,其中南水北调引江水主要用于中东部城乡的生活供水和工业供水,黄河水用于东部八县的农业供水和生态供水。依据《河北省南水北调中线配套工程规划》及《邯郸市南水北调配套工程水厂以上输水管道工程可行性研究报告》,南水北调工程向邯郸市年均供水 3.52 亿 m³。依据《河北省地下水超采综合治理实施方案》,邯郸市引黄入邯水量 1.39 亿 m³。

4.4.1.4　再生水可供水量

　　再生水可供水量即为城镇生活用水量和工业用水量的污水回收利用。两者的计算方法表述为:城镇生活用水量乘以折污系数 0.8,再乘以污水收集系数 0.9,再乘以再生水折算系数 0.9,可得城镇生活用水量对应的再生水可供水量;工业用水量乘以折污系数 0.2,再乘以污水收集系数 0.95,再乘以再生水折算系数 0.9,可得工业用水量对应的再生水可供水量。邯郸市 2035 年的再生水可供水量为 33 265.01 万 m³。

4.4.1.5　可供水总量

　　综上所述,2035 年邯郸市丰水年可供水量总计为 363 748.78 万 m³,平水年为 257 458.36 万 m³,枯水年为 224 553.11 万 m³。不同水平年,邯郸市各区县可供水量及不同类型可供水量见表4-6~表4-8。

4.4.2　需水量预测

4.4.2.1　国民经济发展预测

1. 国内生产总值预测

2025年后,邯郸市的经济发展速度逐渐趋于平稳,预测2026—2035年GDP年均增长率为3.50%,则可计算得出2035年GDP为75 415 712.71万元。

2. 人口与城镇化进程预测

根据邯郸市国民经济和社会发展规划,结合近年来人口发展的实际增长状况,认定远期规划水平年的人口变化速率大致保持不变。查阅历年统计年鉴得知,邯郸市2010—2018年城镇人口总增长率为4.5%,农村人口总下降率为3.0%,则可计算出邯郸市2035年总人口为13 250 548,城镇人口为9 902 251,农村人口为3 348 297,城镇化率为75%。

3. 工业增加值预测

由于2025年后邯郸市国内生产总值(GDP)的增长速率逐渐减缓,认定远期规划水平年的工业增加值增速也逐渐减缓。邯郸市2026—2035年工业增加值年均增长率为3.49%,则可计算出邯郸市2035年工业增加值为28 634 799.57万元。

4. 建筑业预测

邯郸市建筑业房屋施工面积在近几年下降率趋于稳定,根据“十四五”规划及邯郸市未来产业布局方向综合考虑,认定近期规划水平年和远期规划水平年的房屋施工面积下降速率应大致保持不变。通过查阅邯郸市历年统计年鉴得知,邯郸市2010—2018年年均下降率为3.64%,则可计算出邯郸市2035年房屋建筑施工面积为18 321 804.81 m^2。

5. 农田灌溉面积预测

2025年后,高效节水灌溉面积占总面积的比例逐渐增加,2035年农田总灌溉面积为822.50万亩,高效节水灌溉面积为732.21万亩,占总灌溉面积的89%;传统灌溉面积为90.31万亩,占总灌溉面积的11%。

6. 畜牧业发展预测

分析邯郸市近5年畜牧业发展情况得出,邯郸市畜牧业在近几年下降率趋于稳定,认定近期规划水平年和远期规划水平年的畜牧业也应大致保持一致。通过查阅邯郸市历年统计年鉴得知,邯郸市2010—2018年年均下降率为1.60%,则可计算出邯郸市2035年牲畜总数为5 514.04万头,大牲畜325.02万头,小牲畜5 189.02万头。

7. 第三产业增加值预测

第三产业由于统计资料难以收集,在计算中不再细分,其需水量按照国民经济增长、社会发展、城市生态和环境保护要求计算,邯郸市2035年第三产业万元增加值为29 289 487.87万元。

4.4.2.2　生活需水量预测

1. 城镇生活需水量预测

2035年城镇生活用水定额按120 L/(人·d)计,管网漏失率为7%,则2035年城镇毛需水量为48 190.95万 m^3。

2. 农村生活需水量预测

依据《河北省用水定额》(DB13/T 1161.1—2016),2035年农村生活用水定额按60

L/(人·d)计,管网漏失率为 7%,2035 年农村毛需水量为 8 147.52 万 m³。

4.4.2.3　生产需水量预测

1. 第一产业需水量预测

第一产业需水量预测主要包括农田灌溉需水量预测和畜牧业需水量预测。其中,畜牧业需水量预测采用定额法。小牲畜用水定额取 0.5 L/[头(只)·d],大牲畜用水定额取 18 L/[头(只)·d]。2035 年管网漏失率为 7%,则 2035 年牲畜总毛需水量为 3 542.93 万 m³,大牲畜毛需水量为 2 454.42 万 m³,小牲畜毛需水量为 1 088.50 万 m³。农田灌溉需水预测采用定额法,按照丰水年、平水年、枯水年来计算农田灌溉需水量,则 2035 年丰水年总净需水量为 80 918.511 86 万 m³,平水年为 115 284.522 9 万 m³,枯水年为 149 716.248 万 m³。

2. 第二产业需水量预测

依据《关于下达"十四五"期间节水主要指标的通知》(冀水节〔2020〕27 号),确定 2035 年万元工业增加值用水量为 13.2 m³/万元,则可计算得出邯郸市 2035 年工业总需水量为 41 673.58 万 m³。2035 年邯郸市建筑业取水定额与河北省平均水平保持一致,取水定额为 0.5 m³/m²。邯郸市房屋建筑施工用水主要是取用管网自来水,考虑管网漏失率,则 2035 年管网漏失率为 7%,则可计算得出邯郸市 2035 年建筑毛需水量为 969.41 万 m³。

3. 第三产业需水量预测

根据 2018 年第三产业增加制作用水量,预测 2035 年第三产业万元增加值用水量与 2025 年相同,均为 10 m³/万元,考虑城市管网漏失率,则可计算出邯郸市 2035 年第三产业毛需水量为 30 994.17 万 m³。

4.4.2.4　生态环境需水量预测

1. 河道外生态需水量预测

2035 年地表水利用系数为 0.7,则其绿地毛需水量为 4 142.65 万 m³,道路毛需水量为 10 282.57 万 m³。

2. 河道内生态需水量预测

河湖补给定额均为 6 000 m³/hm²,渠系水利用系数为 0.6,由于河湖补给量区域稳定,则邯郸市 2035 年丰水年、平水年、枯水年河湖需水量分别为 1 609.13 万 m³、2 386.19 万 m³、3 809.65 万 m³。

4.4.2.5　总需水量预测

2035 年,丰水年总需水量为 230 513.04 万 m³,平水年总需水量为 265 614.51 万 m³,枯水年总需水量为 301 642.21 万 m³。不同水平年,邯郸市各区县需水总量见表 4-6～表 4-8。

4.4.3　供需平衡分析

远期规划年第一次供需平衡分析见表 4-6～表 4-8。在 2035 年规划水平年丰水年的情况下,缺水率为 3.07%;在 2035 年规划水平年平水年的情况下,缺水量为 0;在 2035 年规划水平年枯水年的情况下,缺水量达 77 089.10 万 m³,缺水率为 25.56%。

远期规划年中,考虑到农业节水措施的实施,灌溉水效率的进一步提高,邯郸市东部平原区的水资源供需矛盾有了一定的缓解,但仍是邯郸市水资源的主要缺口之一。武安市仍然是邯郸市最缺水的地区之一。考虑到武安市实际的水文地质条件,开发新水源,建立节水型社会仍是缓解水资源供需矛盾的重要举措。

表 4-6　邯郸市 2035 年供需平衡分析（丰水年）

单位：万 m³

行政分区	需水量	供水量								余缺水量
		地表水	地下水	再生水	外调水				合计	
					南水北调	引黄入冀	提卫	小计		
武安市	26 548.27	19 591.38	6 678.00	3 323.90				0	29 593.28	3 045.01
鸡泽县	10 137.92	12 596.93	2 962.00	926.71	600.00	955.00		1 555.00	18 040.64	7 902.72
邱县	8 301.93	10 313.27	1 710.00	658.50	1 300.00	2 395.00		3 695.00	16 376.77	8 074.84
曲周县	14 004.55	17 532.57	535.00	1 532.35	553.00	2 057.00		2 610.00	22 209.92	8 205.37
馆陶县	10 486.81	7 197.69	4 309.00	883.87	700.00	240.00	3 000.00	3 940.00	16 330.56	5 843.75
涉县	8 754.60	19 975.62	5 420.00	1 344.26				0	26 739.88	17 985.28
广平县	7 971.65	4 944.44	1 307.00	859.17	700.00	2 073.00		2 773.00	9 883.61	1 911.96
成安县	11 600.70	6 964.60	4 026.00	1 213.52	674.00			674.00	12 878.12	1 277.42
魏县	20 694.79	12 611.85	6 358.00	2 402.05	2 100.00	2 183.00	6 000.00	10 283.00	31 654.90	10 960.11
磁县	8 161.57	9 666.23	5 862.00	1 301.33	3 074.00			3 074.00	19 903.56	11 741.99
临漳县	16 396.43	10 748.51	7 953.00	1 620.98	738.00			738.00	21 060.49	4 664.06
大名县	20 359.20	13 978.64	9 366.00	1 983.84	790.00	2 346.00	2 400.00	5 536.00	30 864.48	10 505.28
峰峰矿区	9 346.79	3 762.98	9 157.00	2 416.53				0	15 336.51	5 989.72
永年区	20 861.48	18 563.89	7 509.00	2 539.24	3 600.00			3 600.00	32 212.13	11 350.65
肥乡区	14 981.26	10 757.69	1 686.00	1 249.05	1 000.00	1 624.00	300.00	2 924.00	16 616.74	1 635.48
市内三区	33 359.68	15 469.91	10 481.00	4 773.27	19 373.00			19 373.00	50 097.18	16 737.50
全市	230 513.04	194 676.20	85 319.00	29 028.57	35 202.00	13 873.00	11 700.00	60 775.00	363 748.78	133 235.74

表 4-7　邯郸市 2035 年供需平衡分析(平水年)

单位:万 m³

行政分区	需水量	供水量								余缺水量
		地表水	地下水	再生水	外调水				合计	
					南水北调	引黄入冀	提卫	小计		
武安市	28 716.75	12 475.31	6 678.00	3 323.90				0	22 477.21	-6 239.54
鸡泽县	12 122.40	5 161.33	2 962.00	926.71	600.00	955.00		1 555.00	12 160.04	37.64
邱县	10 503.72	4 225.65	1 710.00	658.50	1 300.00	2 395.00		3 695.00	13 984.15	3 480.43
曲周县	17 011.18	7 183.60	535.00	1 532.35	553.00	2 057.00		2 610.00	14 470.95	-2 540.23
馆陶县	12 738.97	2 635.95	4 309.00	883.87	700.00	240.00	2 500.00	3 440.00	14 708.82	1 969.85
涉县	9 133.11	9 181.55	5 420.00	1 344.26				0	15 945.81	6 812.70
广平县	9 468.54	1 810.76	1 307.00	859.17	700.00	2 073.00		2 773.00	9 522.93	54.39
成安县	13 809.25	2 550.59	4 026.00	1 213.52	674.00			674.00	9 138.11	-4 671.14
魏县	24 814.79	4 618.74	6 358.00	2 402.05	2 100.00	2 183.00	6 000.00	10 283.00	33 944.79	9 130.00
磁县	9 266.40	3 812.41	5 862.00	1 301.33	3 074.00			3 074.00	17 123.74	7 857.34
临漳县	19 673.56	3 936.34	7 953.00	1 620.98	738.00			738.00	14 986.32	-4 687.24
大名县	24 532.59	5 119.28	9 366.00	1 983.84	790.00	2 346.00		6 136.00	28 741.12	4 208.53
峰峰矿区	9 918.53	1 719.31	9 157.00	2 416.53			3 000.00	0	13 292.84	3 374.31
永年区	23 733.66	7 606.17	7 509.00	2 539.24	3 600.00			3 600.00	24 854.41	1 120.75
肥乡区	18 211.42	3 939.70	1 686.00	1 249.05	1 000.00	1 624.00	200.00	2 824.00	12 522.75	-5 688.67
市内三区	36 065.71	6 338.47	10 481.00	4 773.27	19 373.00	0		19 373.00	60 338.74	24 273.03
全市	265 614.51	82 315.17	85 319.00	29 028.57	35 202.00	13 873.00	11 700.00	60 775.00	257 458.36	-8 156.15

表 4-8　邯郸市 2035 年供需平衡分析（枯水年）

单位：万 m³

行政分区	需水量	供水量								余缺水量
		地表水	地下水	再生水	外调水				合计	
					南水北调	引黄入冀	提卫	小计		
武安市	30 885.23	7 418.54	6 678.00	3 323.90				0	14 085.59	−16 799.64
鸡泽县	14 106.88	2 739.25	2 962.00	926.71	600.00	955.00		1 555.00	8 327.82	−5 779.06
邱县	12 705.52	2 242.66	1 710.00	658.50	1 300.00	2 395.00		3 695.00	11 708.02	−997.50
曲周县	20 017.80	3 812.51	535.00	1 532.35	553.00	2 057.00		2 610.00	10 179.82	−9 837.98
馆陶县	14 991.13	1 580.82	4 309.00	883.87	700.00	240.00	2 500.00	3 440.00	13 304.53	−1 686.60
涉县	9 511.63	5 982.32	5 420.00	1 344.26					9 430.14	−81.49
广平县	10 965.42	1 085.94	1 307.00	859.17	700.00	2 073.00		2 773.00	8 345.64	−2 619.78
成安县	16 017.80	1 529.62	4 026.00	1 213.52	674.00			674.00	8 091.95	−7 925.85
魏县	28 934.78	2 769.92	6 358.00	2 402.05	2 100.00	2 183.00	6 000.00	10 283.00	30 918.81	1 984.03
磁县	10 371.23	2 109.36	5 862.00	1 301.33	3 074.00			3 074.00	14 863.72	4 492.49
临漳县	22 950.70	2 360.68	7 953.00	1 620.98	738.00			738.00	12 628.14	−10 322.56
大名县	28 705.98	3 070.11	9 366.00	1 983.84	790.00	2 346.00	3 000.00	6 136.00	25 805.03	−2 900.95
峰峰矿区	10 490.27	965.67	9 157.00	2 416.53				0	8 039.75	−2 450.52
永年区	26 605.84	4 036.78	7 509.00	2 539.24	3 600.00			3 600.00	19 383.50	−7 222.34
肥乡区	21 441.58	2 362.70	1 686.00	1 249.05	1 000.00	1 624.00	200.00	2 824.00	10 217.04	−11 224.54
市内三区	38 771.75	33 63.99	10 481.00	4 773.27	19 373.00			19 373.00	38 013.08	−758.67
全市	301 642.21	47 430.87	85 319.00	29 028.57	35 202.00	13 873.00	11 700.00	60 775.00	224 553.11	−77 089.10

4.5　GWAS 模型的构建

4.5.1　计算单元的划分

相较于常规水文模型,GWAS 模型结合二元水循环的特点,考虑水资源多以行政分区为主进行管理,在单元划分时通过水资源(或流域)分区与行政分区的叠加剖分形成基本单元,确保单元内部行政区划与水文流域的单一性,采用一种行政区划嵌套水资源分区划分计算单元的方式,模型单元划分方法如图 4-13 所示。邯郸市计算单元如图 4-14 所示。

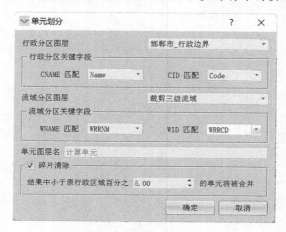

图 4-13　模型单元划分方法

图 4-14　邯郸市计算单元

4.5.2　供用水关系及次序的确定

GWAS 模型中水源与各计算单元的供水关系的确定主要由水库与计算单元供水关

系、水库与水库供水关系和计算单元与计算单元之间的供水关系组成。各供水关系的确定主要依据现有的供水网络体系及相关的水利(如渠系修建、管道建设等)规划。

　　邯郸市规划年的需水行业主要包括生活用水、第一产业用水、第二产业用水、第三产业用水和生态环境用水,可供水源主要包括地表水、地下水、非常规水和外调水,邯郸市各区县水源与行业之间的供水关系确定主要依据现状年水源−行业供水体系和水源置换工作的相关规划。其中,生活用水对水质的要求最高,其供水水源的来源限制为南水北调水和地下水;第三产业用水对水质的要求也比较高,其供水水源的来源同样限制为南水北调水和地下水;第二产业对水质的要求不一,结合《邯郸市人民政府办公厅关于用足用好南水北调引江水的实施意见》,根据产业性质第二产业的供水水源限制为南水北调水和再生水;第一产业用水对水质的要求一般,结合邯郸市相关水利规划,将第一产业供水水源限制在地表水、引黄水、提卫水、地下水和微咸水,不同区县的农业用水依据其水资源特点而定,其中微咸水与地下水应混合灌溉以达到水质要求;生态环境用水对水质的要求最低,其供水水源主要由非常规水组成。

4.5.3　配置模型调参

　　本次 GWAS 模型配置,以 2018 年各单元供水信息和行业需水量为基础,对各行政划分区县进行基于规则的水资源配置,并根据 2018 年的实际供水量对配置模型进行率定与验证。在供给侧,区域地表水资源量和地下水资源量数据由河北省水资源评价获得,供水水源划分为地表水、地下水、再生水和外调水;在需求侧,现状年需水量由定额法计算得出。

　　配置模型的调参与验证步骤如下:

　　(1)根据区域内水资源的取用耗排过程,设定配置模型参数初始值。

　　(2)通过规则模拟方法计算配置模型,从区域和行业两个方面进行配置结果供水与实际供水量的对比分析,并计算相对误差率。

　　(3)如果相对误差率低于允许值,认为参数合理,结束调参,否则重新调参并返回第(2)步。

　　各县(区)实际供水量与模拟供水量误差率见图 4-15。

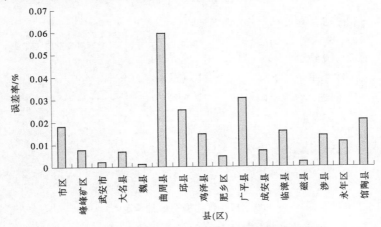

图 4-15　各县(区)实际供水量与模拟供水量误差率

综上,本次配置的相关参数和系数设定如下,水源行业分水比设定如图 4-16 所示,优化模拟参数设定如图 4-17 所示,优化调配系数设置如图 4-18 所示。

	单元ID	用水单元名	农村生活	城市生活	工业	农业	城市生态	农村生态
1	1	临漳县漳卫河平原	0.04	0.11	0.03	0.77	0.05	0
2	2	丛台区子牙河山区	0.02	0.37	0.05	0.47	0.03	0
3	3	丛台区黑龙港及运东平原	0.02	0.37	0.05	0.47	0.03	0
4	4	鸡泽县子牙河平原	0.03	0.1	0.07	0.76	0.03	0
5	5	大名县漳卫河平原	0.04	0.11	0.04	0.77	0.05	0
6	6	曲周县黑龙港及运东平原	0.03	0.11	0.05	0.74	0.05	0
7	7	武安市子牙河山区	0.03	0.15	0.24	0.49	0.07	0
8	8	邱县黑龙港及运东平原	0.03	0.1	0.05	0.78	0.05	0
9	9	永年区子牙河平原	0.05	0.15	0.09	0.66	0.04	0
10	10	魏县漳卫河平原	0.06	0.15	0.04	0.7	0.05	0
11	11	广平县黑龙港及运东平原	0.04	0.17	0.06	0.67	0.05	0
12	12	成安县子牙河平原	0.04	0.14	0.09	0.68	0.05	0
13	13	成安县漳卫河平原	0.04	0.14	0.09	0.68	0.05	0
14	14	成安县黑龙港及运东平原	0.04	0.14	0.09	0.68	0.05	0
15	15	峰峰矿区子牙河山区	0.03	0.34	0.23	0.35	0.05	0
16	16	邯山区子牙河平原	0.01	0.34	0.06	0.49	0.04	0
17	17	磁县子牙河平原	0.06	0.24	0.14	0.44	0.08	0
18	18	磁县漳卫河山区	0.06	0.25	0.14	0.45	0.07	0

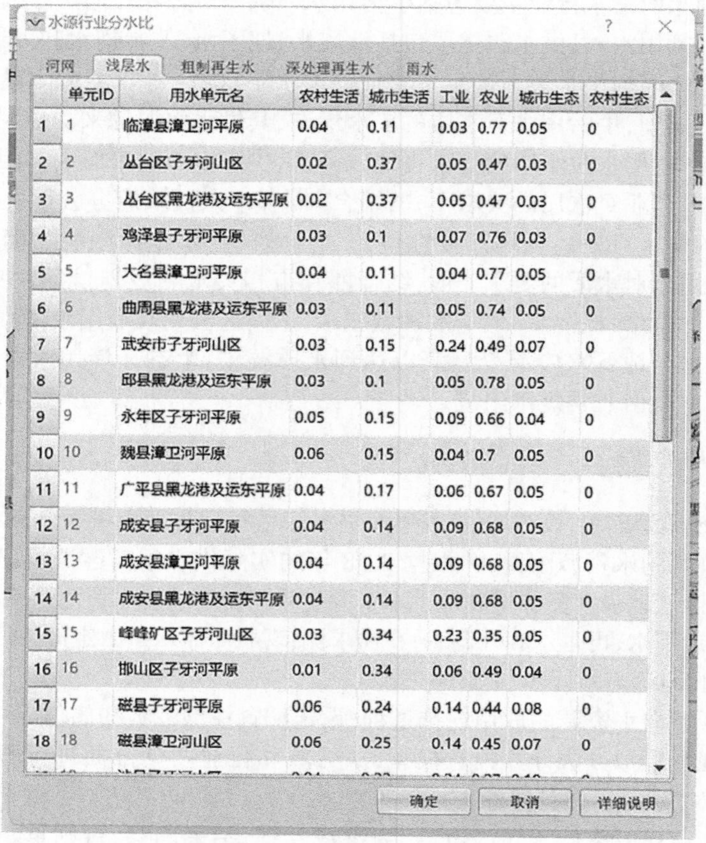

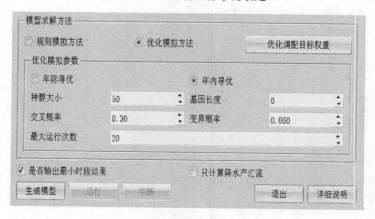

图 4-16　水源行业分水比设定

图 4-17　优化模拟参数设定

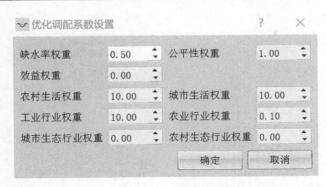

图 4-18　优化调配系数设置

4.6　结果分析

4.6.1　水资源配置结果

根据邯郸市 2025 年和 2035 年需水量和可供水量预测结果,结合邯郸市各县(区)实际供水能力和条件,以优先满足城镇和农村生活用水,次优先级满足第二产业用水和第三产业需水,随后补充生态用水和农业用水为原则,严守《河北省地表水配置利用规划编制提纲》中拟定邯郸市各区县 2025 年和 2035 年水资源三条红线,得出配置方案 1,以时间上丰水年补枯水年、空间上丰水区补枯水区的设定情景得出配置方案 2,下面以 2025 年为例阐述各方案情景下邯郸市的配置结果。

4.6.2　供需平衡分析

邯郸市水资源 2025 年规划水平年供需平衡分析是在邯郸市 2025 年需水预测的基础上,结合有限、可利用的水资源条件进行的。由于邯郸市地域面积大,兼顾山区平原,在跨区县的水资源调配上存在较大问题。所以,在考虑现有水利工程挖潜和规划供水工程建设的基础上,应对地表水和地下水进一步开发,保证渠系和水利工程的供水能力,以缓解水资源供需矛盾。

远期规划水平年的供需平衡分析,需要对邯郸市水资源需求侧和供给侧同时调控。调动各种手段,力求使需要与可能之间实现动态平衡。需水方面通过调整产业结构与调整生产力布局,积极发展高效节水产业,抑制需水增长势头,以适应较为不利的水资源条件;供水方面则加强管理,并通过工程措施改变水资源天然时空分布与生产力布局不相适应的被动局面,统筹安排降水、当地地表水、当地地下水、中水、外调水的联合利用。

4.6.2.1　不同方案供需平衡结果对比

本次水资源优化模拟配置的情景设定为:以各区县严守相应用水总量控制红线,以现有的主要供水格局进行空间上的水资源调配,以此为方案一的设定情景;以邯郸市严守市域级用水总量控制红线,各县(区)用水总量可相应动态调整,以此为方案二的设定情景。

近期规划丰水年不同方案下缺水量和缺水率对比分析见图 4-19,可以看出,方案二在丰水年可以达到各县(区)无缺水量的水平,较方案一更好。

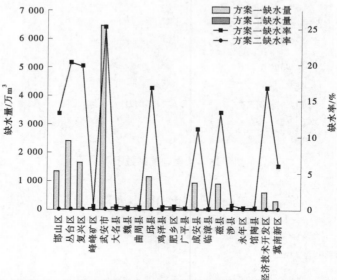

图 4-19 近期规划丰水年不同方案下缺水量和缺水率对比

近期规划平水年不同方案下缺水量和缺水率对比分析见图 4-20,可以看出,方案二在平水年的缺水量和缺水率明显优于方案一。在两种方案对比中,武安市的缺水量出现大幅下降,由之前的缺水量 9 663.40 万 m³ 下降至 5 394.98 万 m³,是由于武安市地表水库多,时间尺度上可以通过年际水量调蓄缓解武安市的水资源供需矛盾。

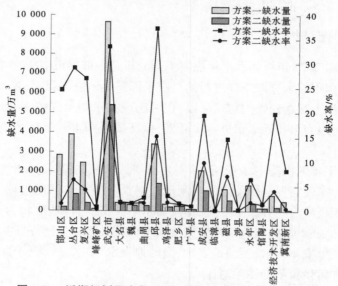

图 4-20 近期规划平水年不同方案下缺水量和缺水率对比

此外,除峰峰矿区、涉县和临漳县外,各县(区)均有不同程度的缺水现象存在。

近期规划枯水年不同方案下缺水量和缺水率对比分析见图 4-21,可以看出,方案二在枯水年的缺水量和缺水率明显优于方案一。在两种方案对比中,武安市的缺水量下降幅度较大,由之前的 12 773.33 万 m³ 下降至 7 488.68 万 m³,此外方案二各县(区)的缺水量较方案一有了一定缓解。

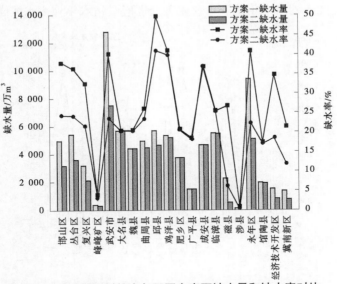

图 4-21　近期规划枯水年不同方案下缺水量和缺水率对比

4.6.2.2　县(区)行业供需平衡分析

根据模拟配置结果,规划丰水年情况下邯郸各县(区)不缺水,各水源所提供水量满足县(区)各行业水量需求。

平水年情况下,用水缺口全在农业上,如图 4-22 所示。峰峰矿区、临漳县和涉县不缺水,体现了山区县域农业需水偏低、地表水源充足的特点。

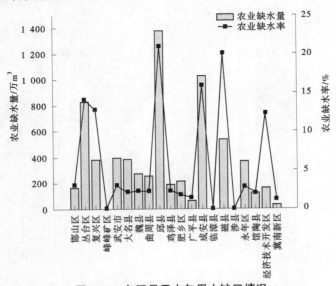

图 4-22　各区县平水年用水缺口情况

枯水年情况下,在优先补足其他行业用水的情况下,用水缺口全部体现在农业上,如

图 4-23 所示,除涉县外各县(区)农业均有不同程度的缺水现象存在,其中武安市缺水量最高达 7 488.68 万 m³,农业缺水率为 47.51%,体现了武安市水源多为地表水,受枯水年份限制较大,因此在规划水平年武安市要妥善处理应对枯水年地表水匮乏的问题。

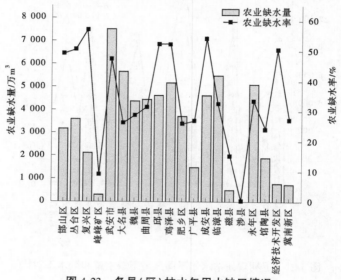

图 4-23 各县(区)枯水年用水缺口情况

4.6.3 水源结构分析

以邯郸市 2025 年不同频率下县域供水水源结构为例分析,2025 年不同频率下各县(区)的供水水源结构如图 4-24~图 4-26 所示(丛台区包含经济开发区、磁县包含冀南新区)。

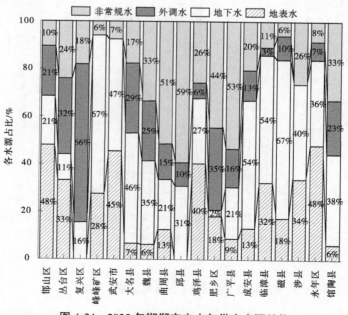

图 4-24 2025 年邯郸市丰水年供水水源结构

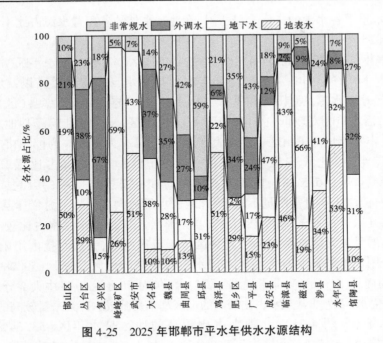

图 4-25　2025 年邯郸市平水年供水水源结构

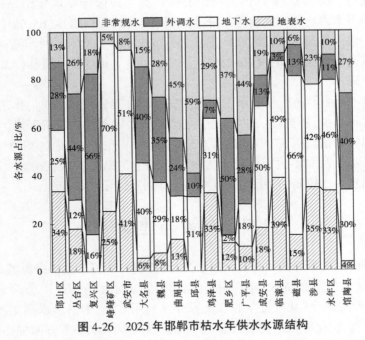

图 4-26　2025 年邯郸市枯水年供水水源结构

对比图 4-24~图 4-26 可以看出,2025 年不同频率下各水源占比有微小变化,且变化趋势并不唯一,如临漳县的地表水占比在丰水年为 54%、在平水年为 43%、在枯水年为 49%。原因是水资源配置系统本身的复杂性,可供水量受当年降水量的限制,在丰水年农业需水量少,可供水量多,可能存在部分区域有余水出现;而枯水年地表水可供水量大大减少,而农业需水量则在枯水年大幅增加,因此各水源在不同频率下的占比难以准确界定,但受可供水量下各水源的占比本身所限,除地表水外的各配置水源占比不会有大幅改变。下面以 2025 年为例分析不同频率下各县(区)供水结构。

2025 丰水年(图 4-24):地表水占比较高的是邯山区(47.90%)、永年区(48.21%)、武安市(45.45%)和鸡泽县(40.43%),由于丰水年地表水自产水量较高以及农业需水较少,因此有充足地表水惠及滏阳河和民有渠下游县(区),与民有渠沿岸县(区)相比,滏阳河沿岸县(区)需水量相对较低,在丰水年情况下邯山区、永年区和鸡泽县地表水供水占比较高,此外,丰水年情况下山区自产地表水量丰足,可有力支撑作为邯郸市工业基地的武安市大量需水,因此武安地表水源占比同样较高。地下水占比最高的是磁县(66.62%)、峰峰矿区(66.51%)、临漳县(53.78%)和成安县(53.64%),磁县和峰峰矿区地表水量较少,但由于本身需水量不高,因此地表水量被大量分入下游沿岸县(区),由挖掘当地地下水开采进行补充,临漳县和成安县则是传统的地下水用水占比较高地区。外调水占比较高的是复兴区(66.41%),复兴区位于市区西部,无法直接由沁阳河取水,因此区内大部分用水由外调水补充。非常规水占比较高的地区是邱县(59.28%)、广平县(53.42%)和曲周县(51.48%),非常规水主要包含微咸水和再生水,其中大部分地区微咸水量明显高于再生水,因为非常规水占比较高的地区基本是微咸水可开采量较高的地区。

2025 平水年(见图 4-25):地表水占比较高的地区是永年区(53.34%)、鸡泽县(50.59%)、武安市(50.54%)和邯山区(50.35%),如上地区与丰水年结果一致,只是占比略有差异。地下水占比较高的地区是峰峰矿区(68.96%)和磁县(65.79%),占比与丰水年相比基本一致。外调水占比最高的是复兴区(66.67%),也与丰水年基本保持一致。非常规水占比最高的地区是邱县(59.28%),广平县(43.40%)和曲周县(42.06%),相较丰水年则有所下降。

2025 枯水年(见图 4-26):地表水占比仅武安市(40.73%)超过 40%,体现了在枯水年下地表水可供水量减少,各县(区)的地表水占比较平水年来说均有所下降。地下水占比较高的地区是峰峰矿区(69.57%)和磁县(65.73%),由于这两个地区均位于山区,所以地下水占比较平水年改变不大。外调水占比较高的地区是复兴区(66.41%),与平水年保持一致。外调水占比较高的是邱县(59.28%),与平水年保持一致。

4.7　对策与建议

通过对邯郸市水资源现状和开发利用情况分析发现,邯郸市属于资源型缺水地区,水资源短缺、利用效率有待提高、综合利用不尽合理等问题尚存,按照"全面节流、多方开源、厉行保护、强化管理、优化配置"的水资源开发利用方针,本书从水利工程布局、优化农业水土资源配置、优化种植结构、优化产业布局、提高节水水平等方面提出宏观对策措施,以促进邯郸市水资源管理模式和管理制度的完善。

4.7.1　调整优化水利工程布局,加强跨区域调水

由于邯郸市地下水开发利用程度很高,现状大部分地区已超采使用,为进一步深入推进超采区治理,关停机电井等地下水工程,杜绝兴建新的开采地下水工程。根据邯郸市水

资源特点和社会经济发展及生态环境保护的需要,邯郸市可利用水挖掘重点是水源枢纽工程、河系沟通工程和雨洪利用工程,以提高洪水资源利用率,增强水资源供给能力。

4.7.1.1　加快补齐补强水利工程短板,提升水利保障能力

按照市委、市政府的安排部署,根据"十四五"水利规划意向,2021—2025 年,为根治洺河水患,规划在邯郸市西北部的洺河干流出山口、北洺河、南洺河、马会河等中小河流上修建一批水利工程,同时缓解永年与邯郸市主城区的水资源供需矛盾,支援西部工业增长,增加部分县城和工农业用水,减轻对地下水的超采。

提高短期天气监测预报预警能力,坚持防汛抗旱两手抓,在保安全的前提下,优化工程调度,适当提高水库汛限水位,增加蓄水。充分利用汛期洪水资源,综合利用水库、河渠、闸涵等水利工程,蓄、泄、引、补多措并举,有机结合,最大程度地发挥洪水资源的效益,增大地下水的回补量,增加水资源可利用量。

4.7.1.2　加强外调水资源的合理配置和高效利用

为了提高水资源的利用率和供水效益,以"优先使用外调水,用足用好地表水,努力提高再生水,重点保护地下水"为原则,充分高效利用南水北调中线工程实施后分配的引江水量,利用水资源的水文补偿作用和水利工程的调蓄能力,对外调水量、地表水和地下水进行联合调度规划,实现时空上的水资源丰枯互补,优化水资源配置。

1. 水资源优化配置工程

水资源优化配置应遵循可持续发展原则:丰水年多用地表水养蓄地下水,使地下水得到修养生息、地下水供水条件得到恢复和改善;枯水年份,在保持年际间的动态平衡的前提下,根据地下水条件适当增加地下水开采量,遇特枯年份可适当开采地下水;南水北调工程引水水量主要作为邯郸市工业、生活主要水源,故将原来用以城市和重点工业区的地表水要尽可能置换供给农业;充分考虑高氟水区农村人畜用水、农业用水、生态环境用水的补充与协调。

2. 水资源调配工程

南水北调工程实施以来,邯郸市主城区所取用引江水基本满足生活所需水量,但目前尚缺乏在线调蓄工程,水源保障存在不稳定性,为保障邯郸市水源,规划岳城水库与南水北调的双向连通工程,利用南水北调来水和岳城水库蓄水情况进行水源补给或存蓄。

同时,结合华北地下水压采工作要求,考虑到邯郸市生态补水需求,需新建南水北调中线总干渠向东武仕水库单向供水工程,采用工程方式利用南水北调干渠弃水向东武仕水库蓄水,进而向滏阳河生态供水,达到丰蓄枯补的目的,提升地下水压采治理效果。

3. 增设外流域调水工程

2020—2025 年,邯郸市漳滏河灌区将续建配套节水改造(引黄水源)项目,包括新建魏县、曲周 2 座引黄调蓄工程及渠道、建筑物等;规划建设跃峰渠在线调蓄工程,包括清漳河台庄渠首水源工程、双合调蓄工程等。工程实施后,邯郸市城区缺水矛盾将得到有效缓解。

为进一步提高对外调水水量的消纳,同时能根据引黄引江受水区水文地质条件,因地制宜地建议修建地下调蓄工程。一方面可以实施地下水安全回补与调蓄,另一方面可以发挥地下水的调蓄功能,开展多水源联合调度,进而提高邯郸市水资源及水环境承载

能力。

4.7.1.3 进一步优化邯郸市生态水网系统

自 2006 年邯郸市实施"西部山区涵养水源""中部城区保护水环境""东部平原恢复地下水"的生态水网建设方针后,十余年来邯郸市已基本实现了西部山区"水清可用、山青泉涌"、中部城区"河湖清澈、景观秀美"、东部平原"纵横交织、河渠畅通"的生态水网系统,鉴于生态水网切实关系到邯郸市民生,在未来邯郸市的水网系统可进一步优化提高。

1. 西部山区:武安市水源置换

当前,邯郸市中东部地区已完成水源置换工作,南水北调水已用于主城区及磁县、邱县、魏县、馆陶、临漳、成安、大名、广平、曲周、永年、肥乡、鸡泽等 12 个县(区)的工业企业用水和城镇生活用水。相较而言,西部山区中武安地区仍然面临着水资源短缺、水质差等水资源安全问题,而南水北调武安地区通水工程是破题的重要途径。

武安市地区南水北调工程可极大缓解地区居民的生活用水和工业用水压力,保障居民用水安全。通水后,原先地表水可从主要水源转化为储蓄及备用水源,缓解武安市农业用水缺口或供给下游县域。

2. 中东部地区:加强各县(区)联合调配、提升城乡内涝水疏通能力

生态水网的建设使得中东部各县(区)实现了通水目标,滏阳河、民有渠、东风渠、卫(运)河四大水系实现了互连互通,构建起一个"纵横交织、河渠畅通、节节拦蓄、余缺互补"的东部平原水网。未来,除进一步完成各县(区)内水网铺设外,还应进一步加强各县(区)联合调配,利用永年和大名两个蓄滞洪区作为南、北两个调蓄节点,打造中东部地区的水网脉络,发挥集灌溉、供水、防洪、生态、景观、文化、旅游、交通等多重效益,实现水资源供给、水生态保护、水环境治理、水污染防治的水安全体系建设。

2021 年邯郸市主城区遭遇严重内涝灾害,东部平原县多数农田严重积水,表明除重视邯郸市水网建设宏观格局外,同时应考虑城区、农田等易涝点与水网渠系的互通问题,并完善水利工程建设与排沥管网对接情况。

4.7.1.4 雨水利用

2016 年、2021 年邯郸市夏季均出现大量降水,表明邯郸市雨水利用也有一定前景。雨水利用可分以下两方面考量。

1. 城区雨水利用

城市面积和自行车道相对较大,雨水直接流入下水道造成流动的资源浪费。当人行道上的雨水进入绿化带时,绿化带将种满草坪、常绿灌木和树木。这是自然渗透层。道路区域在绿色区域下雨以满足工厂的用水需求,多余的水直接渗透到地下以补充地下水。

此外,可以在道路两侧的人行道上设计,每 100 m 建一个干式水箱以用于多余的雨水收集。积累的雨水可用于在干旱季节和长期干旱后灌溉绿地和路边的树木,并经过处理后达到一定的水质标准。用于城市清洁,绿化,道路喷水,消防,维护城市水景等。还可以对地下水进行补给,以实现社区零雨水排放。

2. 农村雨水利用

实施大型雨林绿化工程,以恢复水资源和环境。因此,维持水土,恢复水资源和环境

的基本方法是增强草木的绿化和种植强度,迅速进行草木的大面积绿化和种植,发挥保水、径流调节、水土保持和恢复的整体生态功能。水资源存储空间使水资源环境向着高生态效益发展。

此外,还可利用野外工程和水利工程来收集雨水蓄积:①地面和小型水利,关闭并保护水利工程。将雨水保护用于水土保持项目,例如森林和草木植被、梯田、水平沟渠和水池、水窖、古坊和水坝。在平原,需要充分利用田间工程,例如山脊、堰和森林网络边界田地,以阻挡雨水和减轻洪水灾害。②在河流、矿坑、田地,小型项目中使用不间断的雨水,并在平原河川、河床和矿坑中进行雨水收集。③积极发展洪水绕道灌溉。在汛期引用被淹没的灌溉农田,不仅增加了农田的水和肥料,而且可以减少下游的洪水和泥沙破坏,并且在山区得到了很好的推广。④引流河流以实现春季、干旱季和冬季抵抗。在冬季,河床用于冬季灌溉,或在寒冷地区储藏,增加了冬季的水,春季的干旱抵抗力。

4.7.2　优化农业水土资源配置

水土资源利用的可持续性既能促进社会经济的稳定发展,又能保障生态环境的友好与良性循环。因此,水土资源优化配置应遵循以下三点原则:第一,严格保护耕地,以确保粮食安全。在控制耕地面积的同时,应注意提高耕地用水效率,节约灌溉,实现农业经济可持续发展。第二,严格控制建设用地面积增加,推进节约集约方式用地发展形式,加快城乡统筹建设,以提高水土利用综合效益。第三,重视生态环境问题,统一协调区域各用地类型,以调整用地结构和布局,缓解用水压力,加强水土资源的保护与建设工作,形成生态环境经济发展模式。为缓解邯郸市水土资源承载能力时空配置的矛盾,提高水土资源耦合效益,维持水土资源复合系统平衡与区域生态安全,以实现土地和水资源的持续利用,本书提出以下措施:

(1)邯郸市平原区,应加大对优质耕地的保护,实现耕地资源的可持续利用。对于区域内的山地、丘陵区,应该充分发掘其他水资源的开发利用程度。对于矿区区域,开发矿坑水提引回用工程,缓解农业灌溉用水的缺额;对于地表径流较为丰富的地区,建设地表径流河道治理及雨洪利用补给工程。

(2)邯郸东部平原出现了大面积的漏斗区,因此要减少对地下水的开发利用。借助南水北调工程、引黄工程和雨洪利用工程,对地下水漏斗区进行回灌,减少该区域大规模的土地整理,维持现有的土地开发利用程度。

(3)邯郸东部地区是全市的粮食主产区,人口密集,耕地类型多为旱地和水浇地,农业用水量较大,因此要通过调整灌溉方式、治理河流、加强防渗、防蒸发工程建设,提升节水技术、维护节水设备、完善节水环节,以提高水资源的利用效率和产出率。

(4)邯郸中部及南部地区,应不断改进污水处理技术,提高水资源质量,增加水资源的可利用率;通过新增水利设施、改建提蓄水工程和实施跨流域调水等方式提高供水能力,最大化提升水资源可利用总量是保障供水安全最有效的措施之一。

(5)完善监测管理系统。利用数字孪生技术构建动态监测管理信息平台,并结合实际调查和评价,对水土资源进行实时更新、全面监管工作,实现对水土资源开发现代化、规范化、智慧化监管。

(6)加大资金的支持力度。通过社会资金引导调整土地利用类型,建设和保护生态用地,从而改善水资源供需矛盾,为水土资源优化配置提供经济动力。

(7)完善相关法制建设。根据邯郸市实际情况,制定健全、完善的全方位水土资源优化配置实施法规,为相关治理提供法律依据。同时,应强化管理手段,提高执法监管力度,保障水土资源的合理开发与利用。

4.7.3　优化种植结构

农业用水作为用水大户,一方面要通过加强节水技术的推广,对输水各环节用水管理来加大节水力度;另一方面要着力发展精细农业生产,进一步优化种植结构,由单一的初级产品型向种养加一体化、产加销一条龙的复合产业转变,不断推动农业向低水耗和高产值的方向发展。

(1)建设粮食核心产业带,稳定粮食生产。重点建设中东部优质小麦、玉米产业带,以大名、曲周、临漳、永年等地区为重点,集中建设优质粮食核心产区,重点发展优质小麦和高蛋白。糕点粉、青贮优质特用玉米,促进加工业、畜牧业发展和农牧业融合。以山丘区的武安、涉县、磁县和黑龙港流域的曲周、邱县等地区为重点,集中建设以谷子为重点的优质杂粮产业带。同时,着力推进玉米结构调整,调减西部山丘区的籽粒玉米,因地制宜地改种谷子、中药材、食用菌等低耗水作物。

(2)推广优质棉花品种,发展间作套种高效种植。邯郸素有"冀南棉海"之称,在发展自身优势的同时,以市场为导向,以农民增收为目标,以提质增效为核心,提高棉花产业的整体科技含量和档次,提升棉花市场竞争力。推广发展间作套种高效种植,科学引导农民发展棉花与小麦、棉花与洋葱、棉花与小杂粮等其他作物间套种植,提高棉田效益,提高水资源的利用效率。

(3)优化区域布局,建设蔬菜示范区。以永年、肥乡、曲周、馆陶、临漳、成安、大名、鸡泽等 8 个国家蔬菜重点县为重点,每个地区改造、新建高端节水设施蔬菜生产示范区,建立一个新品种、新技术试验示范基地,促进品种更新换代、新农艺技术和高节水应用的推广。

根据"以水定地、以水定产"方针,以平水年为例,参考历年农业用水和规划年配置结果以 13 亿 m³ 为约束水量,结合现状种植面积、规划年农业需水,考虑各种植作物经济效益、用水定额等,规划水平年在水资源约束下种植结构可优化调整为小麦、玉米播种面积510.02 万亩、油料播种面积 97.51 万亩、蔬菜播种面积 155.58 万亩、棉花播种面积 52.06万亩,其余播种面积 7.34 万亩,按照现有种植结构来说,规划水平年应适当削减小麦、玉米面积,增加油料、蔬菜和棉花种植面积。

4.7.4　优化产业布局

根据邯郸市规划要求,深入贯彻新发展理念,以有限的水资源实现区域的经济稳定增长,以供给侧结构性改革为主线,坚决去、主动调、加快转,加快提升精品钢材、装备制造、食品加工、现代物流、旅游文化等五大现有优势产业;培育壮大新材料、新能源、生物健康三大战略性新兴产业;谋划布局安防应急、电子信息和网络两大未来产业,通过大力发展这十大产业,着力构建现代产业体系。

邯郸市西部蕴藏有种类繁多的矿产资源,工业占比高,且以传统产业为自主,耗水量大,排污量高。该区域应按照"控制总量、淘汰落后、整合重组、优化布局、优化品种、绿色节能"的思路,进一步深入推进实施钢铁整合重组退城进园,持续推动装备水平和产品品质提升,大力发展汽车板、家电板、重轨、轻轨、超纯生铁、高性能船舶用特种钢等系列拳头产品,全力打造精品钢铁产业,提高单方水的效率和效益。以武安市为例,根据历年工业用水和规划年配置结果,平水年情况下武安市工业用水应以 9 000 万 m³ 为约束水量,借助线性回归模拟方法,以现行武安市工业用水情况,9 000 万 m³ 水量支撑区域工业产值为 1 675.96 万元,因此武安市应以约束水量倒逼工业节水力度和产业结构,以实现水资源约束下的武安工业发展。

对于邯郸市中东部,以种植业和牧业为主要产业,在未来时期内,应扎实推进农业供给侧结构性改革,大力发展优质高效生态农业,调整优化农业产品结构、产业结构和布局结构,重点推进适水种植和量水生产,扩大低耗水和耐旱作物的种植比例,实施轮作休耕、季节性休耕、旱作雨养等措施,推动粮经饲统筹、农林牧渔结合、种养加销一体、一二三产业融合发展。

同时,大力发展第三产业,发挥邯郸四省交界的区位优势和交通枢纽优势,重点发展商贸物流、文化旅游等产业,把服务业规模做大、层次做高。

4.7.5　提高节水水平,树立节约意识

全面节流、以供定需,建设节水型社会是保证经济社会可持续发展的基本方针。为贯彻 21 世纪持续发展的战略宗旨,必须把节水作为战略性措施来抓。要坚持不懈地抓好农业节水和电力工业、化工、冶金、造纸、纺织、机械、食品等一般工业以及农村工业的节水工作;要加强节水宣传和管理,增强全民水患意识和节水意识,使节水变为居民的自觉行动,建成节水型社会;要适当调整水价和水资源费标准,利用经济杠杆推动节水工作的开展,要认真调整产业结构和布局,限制高耗水产品的生产,大力推广先进的节水设施和节水技术,全面提高水资源的利用效率。在产业结构、产品结构、农业种植结构以及加强城镇生活用水管理上,把节水当一项革命性的措施来抓。

4.7.5.1　农业节水

农业节水要在加快节水工程步伐的基础上,向农作物种植全过程、全方位方向发展。从农田基本建设到优化种植结构,从充分利用天然降水到水资源的优化调度,从防止输水渗漏损失到减少田间颗粒蒸发,贯穿整个农业用水的各个方面。

根据自然条件、水资源状况,以及当地经济、社会和农业生产状况,要因地制宜地推广渠道防渗、管道输水、喷灌、微灌、集蓄灌溉等高效农业灌溉节水技术,在这一基础上,节水技术的推广实施应该进一步从目前的侧重单项技术向着相关技术组装配套、综合集成方向发展,如工程技术和管理技术结合,水利技术与农艺技术配套,先进技术与常规技术组装、输水系统与田间节水集成等,最大限度地发挥各项技术的效益,提高水的利用率。调整农业种植结构,推广旱作农业,减少耗水量大的作物种植面积。

农业节水措施包括:增加水利科技投入,加快节水技术创新与推广,抓好高标准节水

示范园区建设;推广农业计划用水,完善农业取水计量设施,通过建设节水工程和加强管理,提高农业水的利用效率,使农业灌溉水有效利用系数提高到节水水平;加强农艺节水措施,大力推广覆盖栽培,秸秆还田,增施有机肥,加厚活土层,增加集雨保水能力;适应当前设施农业、生态农业、特色农业的发展,积极引进培育耐旱作物品种,应用科学先进的栽培技术;实行水旱互补,发展现代旱作农业,除采取传统的改土培肥、抗旱保墒、地膜与秸秆覆盖等常规农业技术措施外,还需进行以坡梯和土埂畦田为重点的旱地基本农田建设,并通过各种措施,降低无效蒸发,提高土壤有机质含量,选育高产节水优良品种,研究、推广化学试剂等节水措施。

对于西部山区,农业节水重点是车谷、口上等地表水灌区和中下游地区的地下水灌区的续建配套与节水改造。可以通过维修老旧蓄水设施,增强防洪拦蓄效益。同时,按照"因地制宜,宜坝则坝,宜塘则塘,宜井则井,宜池则池"的原则,利用山区地形优势,开发建设小水库、小塘坝、大口井、集雨蓄水池等多种小水源工程,进而为山区内的群众饮水和区内的高效农业灌溉增收发挥重要作用。

对于东部平原区,农业节水的重点则以减少渠道损失量,加强地表水与地下水联合利用,发展现代旱作农业为主。渠道改造方面,应提高管道入田间覆盖率,各灌溉机井到田间输水路径应全部实现管道化。针对东部平原灌区发达的河网渠系,采用简易的渠系和坑塘等方式进行补给。同时,可以对现有的灌溉系统进行适当改造,如兴建分洪闸、制造人工滩地、连通坑塘、多渠道串并联等,最终形成引蓄提相结合的补水供水系统,做到地表水和地下水联合利用。

4.7.5.2　工业节水

推动重点行业节水新技术新工艺应用,引导企业加大节水技术改造力度,重点推广工业用水重复利用、高效冷却、热力和工艺系统节水、洗涤节水、工业废水处理等通用节水技术和生产工艺;严格省级工业转型升级(技改)专项资金使用范围,对符合条件的节水技术改造项目予以重点支持和优先安排;围绕钢铁、化工、电力、煤炭等高耗水行业,推广工业节水工艺、技术和装备,促进高耗水企业加强废水深度处理和达标再利用,加快创建节水型企业;推动工业园区统筹供排水、水处理及循环利用设施建设,建立企业间的用水系统集成优化,促进企业间串联用水、分质用水、一水多用和循环利用,推动节水型园区创建。到 2022 年,钢铁、化工、食品、医药、电力、煤炭等高耗水行业用水效率达到国内先进水平,万元工业增加值用水量较 2015 年降低 28%。工业水价和水资源费要按规划分期调整,使工业用水水资源费尽快到位,充分发挥经济杠杆的作用。

4.7.5.3　城镇生活节水

在加强节水宣传、增强市民节水意识的同时,大力开发、推广、使用节水设施和器具。持续推进供水老旧管网改造,加强公共供水系统运行监督管理,推进城镇供水管网分区计量管理,建立精细化管理平台,协同推进二次供水设施改造和专业化管理。新建民用建筑要普遍安装符合节水要求的用水设施,经水行政主管部门和建设部门验收合格后该建筑方可投入使用。适当调整、提高生活用水水价,使供水部门实现"保本微利",出台浪费水重罚的政策、法规,要通过经济手段促进城市节水。推进海绵城市建设,提高雨水资源利用水平,公园、绿地等市政设施,新建、在建楼宇附属绿地和花园用水尽量利用处理后的污水或雨水,并应配备节水灌溉设施;新建大型宾馆、饭店、文化体育设施以及办公楼、住宅区,必须按照有关配套建设中水设施的规定建设,未按规定设计节水设施的,建设部门不得颁发建设工程许可证。继续在机关、学校、部队等用水单位强化节约用水,在全社会形成节水风尚。城镇供水系统要适当加大投入,降低管网漏失率。经营纯净水、洗浴、洗车的单位或个人必须重视节水和循环用水,并到市行政主管部门和供水部门办理用水手续;对浪费水和非法经营的要坚决依法取缔。各县根据情况制定限额用水、超量加价的收费办法;用水紧张时,经市政府批准,可以关闭高耗水的特殊用水行业。

4.7.5.4　开拓宣传渠道,营造浓厚的节水氛围

高度重视节水宣传,做好世界水日、中国水周和城市节水宣传周的节水宣传工作。采用广播、电视、报纸、户外流动媒体、广告、电子屏、宣传单等方式,扩大受众范围;利用网络和新媒体平台,采取短视频、图解、数说、在线答题等形式,开拓宣传渠道;做好学校、社区、机关、企业、农村等节水宣传工作,采取文创、漫画、节水歌曲、公益展演、知识竞赛等手段,丰富宣传内容。多方式、多渠道开展节水宣传,增强公众节水意识,在全社会营造浓厚的节水氛围。

4.7.6　水生态保护措施

邯郸市水资源保护工程措施主要是为了防治水污染,使水质达到规定要求的目标,满足水体功能要求,对排放的污水实施消减、污水处理等工程。

4.7.6.1　排污治理

1. 水利工程水环境综合整治

加强和规范入河排污口管理。应按 2002 年《河北省水资源保护规划》提出的要求,对全市的重点入河排污口继续实施规范化管理,对排污口个数、位置、允许入河污水量、污染物浓度等进行深入调查、监测和监督管理。

实施综合治理工程,按《河北省水资源保护规划》改变现有污染状况并解决现有纳污河的"底源污染",对溢阳河、沁河等河道实施截污、导污、清污等工程。各水库针对兴利功能做好相应的水资源保护工作。

2. 修建城镇集中污水处理工程

按照"先节水后调水,先治污后通水,先环境后用水"的原则,结合邯郸市水资源规划的目标要求,邯郸市区各市县到2020年,邯郸市主城区根据污水排放量的增长情况,扩建或新建污水处理厂,使水平年集中污水处理均达到或超过水环境规划目标要求。目前,邯郸市区日污水处理能力为 20 万 m^3,根据邯郸市污水处理设施规划,在现有 3 座城市污水处理厂的基础上,将再新建污水处理厂 4 座,新增处理能力27.5 万 m^3/d,总处理能力将达到53.5 万 m^3/d,城市污水处理率达 100%。

此外,各个县级市、各个县城均应修建城市污水处理厂,并完成城市污水管网改造,使污水达标排放。

3. 面源污染治理工程

邯郸市面污染源主要来源于农田使用的化肥、农药及养殖业,以及城市垃圾。面污染源不仅会造成河流水质变差,也会影响土壤、作物和地下水,尤其是应用水水源的问题更

加突出。除应大力提倡无公害农业,搞好植树造林、涵养水源、使用低毒农药和化肥外,对重点水源地还应实施专项治理工程,最终达到减少面污染源的目的。

4.7.6.2 水生态治理

1. 滏阳河污染治理

滏阳河纵穿邯郸市主城区,流经峰峰矿区、磁县、曲周县三县(区),沿岸农产品加工企业较多,致使沿河存在生活污水直排、"五小企业"和工业废水偷排等突出问题,城镇污水管网不健全导致雨污混排,使河水受到了不同形式、不同程度的污染,尤其是城区河段及过村河段水生态环境差。因此,滏阳河污染治理亟待践行。

具体措施为:通过违建拆除、河道清淤、造林绿化等工作推进河道清理整理;修建造峰矿区响堂水镇、老石峡湿地公园、磁县如意湖湿地公园等一系列滨水景观工程。坚决制止造纸厂、化工厂等重污染企业的水污染;严格控制污水直排,对企业排水实施实时监测。

2. 加强生态流量管控

生态流量是维持河湖功能的重要保障,是维护其生态系统的基本要素,加强生态流量管理是邯郸市水生态环境治理的重要方式。未来应构建邯郸市"水量–水质–水生态"的生态流量管控体系,"水量"部分主要包括加强邯郸市水资源开发利用管理,保障生态流量;"水质"部分包括水功能区水质保护和排污控制;"水生态"部分则是以"水量"和"水质"部分为基础,开展邯郸市水生态流量的量质一体管控。

4.7.7 完善水资源规划与管理保障体系

4.7.7.1 水价改革及水价格体系建设

遵照社会主义市场经济的改革方向,促进水资源产业化。水资源管理机构要转变经营机制,以水养水、扩大水资源的再生产活动,使水利事业机构转变为生产机构,水利部门企业化。按照市场经济规律自主经营,自负盈亏,使水资源由初期行政管理过渡到商品产业化管理。整个流域水资源开发利用要在政府部门的宏观调控下,遵循价值规律的要求,建立新的产业化体系,以适应供求关系的变化,使流域水资源、环境、经济协调稳定持续发展。在市场经济条件下,将水资源开发利用方案的实践纳入有计划的商品经济范畴,制定流域水资源价格体系、收费标准,发挥水价调节作用,实行优水优价,污水处理回用低价,通过价格杠杆的作用限制耗水量大的或以水为主要生产手段的行业发展,以促进水资源的优化配置和永续利用,进而促进水资源规划与管理。

建立和完善水价形成机制,使水价的制定、调整和管理真正走上科学化、合理化、规范化和法制化的轨道,应着力解决和正确处理以下几个问题:

(1)明确政府和供水企业的职责和相互关系。

(2)提高水成本评价体系和约束机制。

(3)规定合理的回报率。

(4)落实水务产业政策。

4.7.7.2 水资源管理体制改革

依据本次水资源调查评价结果,邯郸市人均地表水资源量较少,属资源性极度缺水地区。由于水资源承载能力不足,缺水已经成为影响邯郸市经济发展、生态环境保护和社会政治稳定的重大问题。因此,必须在开源、节流、治污的同时,加强水资源管理。针对目前邯郸市水资源管理体系和执行中存在的问题,要认真贯彻落实最严格水资源管理制度,合理划分市、县各级政府、政府与市场的事权,建立来源多样化、责权利明确的水利投融资体制,保证水利建设的投资需求,建立健全水资源开发、利用、治理、配置、节约和保护的管理制度体系,加强社会管理和公共服务职能,逐步实现水资源的统一管理,促进水资源开发、利用、治理、保护的良性发展。

对于生活污水的治理,加强实施因地制宜地分区分类施治。对可纳入市政或园区污水收集管网的村庄,优先考虑将市政或园区管网向村庄延伸,将村庄生活污水纳入收集管网,统一集中处理;对不能纳入城镇污水收集管网的村庄,生活污水量大且易于统一收集的,建设雨污分流收集管网,采用建设生物氧化塘、一体化污水处理设施、集中式人工湿地等方式集中处理;对居住相对分散、生活污水难以统一收集的村庄,可单户或联户采用小型一体化设备或湿地等分散处理。

为实现水资源合理配置和优化配置,必须通过政府宏观调控和发挥水市场的作用,要求政府指导建立有资源有偿转让的水市场机制,这就对水行政主管部门提出了新要求。社会主义市场经济要求逐步实现政企分开、政事分开,首先要解决区域内分部门管理的制度性摩擦问题,降低制度性成本,这就要求政府职能必须转变,改革水资源管理体制,建立精干、高效的水务局,才能适应新时代的要求。

为了缓解我国北方地区水资源紧缺状况,国家决策实施了南水北调工程。工程实施后,形成了多水源、多用户的水资源体系。为了最大程度保证外来水引得来、用得好,还需要后期实行统一管理,强化政府职能,统一调度当地地表水、地下水、外来水、污水等各种水资源,加强水资源的统一调度和优化配置,以缓解邯郸市水环境严重恶化的状况,保证工程规划效益的充分发挥。同时,为了能使南水北调工程能够良性运行、发挥最大效益还需制定一套适合南水北调的法律法规,进行法制化管理。

4.7.7.3　完善水市场,活跃水权交易

水权改革是落实节水优先方针、破解水资源瓶颈问题的重大举措。建立水权制度是实现水资源合理和优化配置的基础。首先是要按照一定原则在水资源规划及水资源配置方案的基础上,针对社会、经济和生态需求,由政府实施不同地区之间对水资源使用权的初步合理配置。水资源优化配置要体现市场经济原则,依靠逐步建立和完善的水市场,实行商品水的市场交易。明晰的产权和完善的水市场,是发挥水资源最大效益的重要保证。

借助水资源费一体化和严格监管的"东风",进一步强化区域水资源监管能力,完善水市场。根据邯郸市水资源状况,结合本地区经济发展需求,一是要大力推动以形成水权买方:严格进行用水总量控制,使缺水区域和企业不得不通过水权交易来满足新增的用水需求。比如邯钢集团工业用水量需求大,在整体搬迁至涉县后,建议通过购买漳河水水权来满足用水需求。二是积极探索水权交易模式,开展区域间水权交易。如邯郸市可利用南水北调中线水在冀豫之间的价格差,购买安阳取得的引江水水资源的使用权,弥补邯郸的缺口。再如,邢台东川口水库的水资源量有一定盈余,且水价价格偏低,可购买该水库部分水权,缓解邯郸用水需求。三是优化水权交易市场的环境:强化水权交易资金保障,创新金融产品,帮助企业完成前期投入。完善水资源用水计量、监测、统计制度,全面地提

高水资源监控力,为水权交易奠定技术基础。强化宣传引导,加大对邯郸市水权交易成效、经验的宣传力度,引导有潜在需要的地区、工业企业或社会资本参与水权收储交易,以提高公众的广泛认知度、参与度及关注度。

4.7.7.4　推进土地流转,扩大节水市场

根据邯郸市不同行业用水量数据,多年平均农业用水量占总用水量的比例在 70% 以上,是用水的绝对大户,而节水农业作为实现水资源可持续利用的一种有效手段,在实现水资源的合理配置,提高水资源利用率,保障国家粮食安全、生态安全和社会经济可持续发展等方面,具有其他措施无法替代的作用。

在乡村振兴战略的推进过程中,规模化、集约化、现代化的农业经营模式是必不可少的一环,而零散农田集中化则势必会加快农村土地流转的速度。专业大户、家庭农场、农民合作社等新型农业经营主体较个体农户而言具有绝对的资金优势,可以进行更大范围的土地承包和土地经营,有利于提高技术、机械、良种、资金等生产要素的配置效率;同时土地流转会使个体农户手中的零散农田集中,有利于整体提高农业机械化、现代化水平,提升农作物种植效率,在农业灌溉中实施节水农业技术,可以减少水分的深层渗漏和无效蒸发损失,达到提高水资源利用率、减少农业用水量、节约灌溉用水,进而为节水灌溉创造更大的规模效应。

1. 突出特色优势产业发展

按照全市都市现代农业发展总体布局,确定各自优势主导产业,调优产业布局和结构,加快优势产业向优势区域集中,创建一批优质特色高效农业示范工程,打造一批都市休闲观光采摘精品农业亮点,建设一批旅游休养生态农业涵养工程,设计一批休闲农业精品线路,形成"城乡一体、园区互补、各具特色、功能完善"的都市现代农业格局。

2. 突出农业发展方式创新

加强以水利和高标准农田为重点的基础设施建设,建立健全"三农"投入逐年增长机制。加大农业科技创新和推广应用力度,加快农业科技成果转化,实现高产技术普及化、高效农业规模化。大力发展旱作农业、设施农业和高效节水农业,提高土地产出率、资源利用率和劳动生产率。积极发展农民专业合作组织、家庭农场、种养大户等现代农业经营主体,促进农业生产经营专业化、标准化和规模化。

3. 突出都市现代农业特色

坚持科技兴农,为都市现代农业发展提供强力科技支撑。要大力开展农业科技创新工程,引进科技人才和设立研发机构加强农村职业教育和劳动力培训,大力培育有文化、懂技术、会经营的新型农民,不断提高农民的科学务农能力、转移就业能力、创业致富能力。创新培育优质特色新品种,改进农机装备技术,研发农产品质量安全技术,创新生态环境保育技术,创新农产品加工技术,创新"互联网+农业技术"等。要深化农业科技体制改革,充分调动科技人员积极性,深入基层开展科技成果转化推广服务,加快农业科技成果转化推广步伐。要大力推进"互联网+"现代农业发展,推动智慧农业、信息农业发展。

第 5 章　平原区农业型县域的水资源优化配置案例研究——邯郸市魏县

5.1　研究区域概况

5.1.1　自然地理

魏县隶属于河北省邯郸市,位于冀豫鲁三省交界处,东经 114°43′42″~115°07′24″、北纬 36°03′00″~36°26′36″,县境东西宽 33.5 km,南北长 42.24 km,行政面积 864 km²。

魏县地处漳河、卫河及古黄河的冲积平原上。全县海拔变化幅度在 15 m 以内,地面相对平坦。现在的地貌特征可大致分为故道缓岗、漳卫河滩地、缓斜平地、河间洼地四个地貌区域。

魏县属北温带季风气候区。多年平均降水总量 4.686 5 亿 m³,降水量年内分配主要集中在汛期的 6—9 月,一般占年降水量的 70%~80%,外加魏县四季气温变化幅度较大,造成县域内春旱夏涝的特征。

流经魏县的天然河流有海河流域漳卫南运河水系下的漳河和卫河。漳河发源于山西省,自西向东流经临漳县后进入魏县境内,由县境中部自西向东,流经北皋镇、车往镇等 10 个乡(镇),于沙口集乡流出县境,县境内河长 34.0 km。卫河发源于山西省,其由西南向东北沿省界流经魏县张二庄镇的北善村、军寨等 7 个村庄,于南辛庄村流出县境,河道全长 15.9 km。

5.1.2　水利工程

魏县地区的水利工程建设发展迅速,先后修建了灌溉、除涝、防洪、水景观一系列水利工程。根据《魏县水资源公报》、2018 年《邯郸市水利统计手册》等有关资料统计,截至2018 年底,魏县有 2 个跨区域输水干线工程(引江干线、引黄干线),匹配供水能力 6 136万 m³;全县共计 59 个地表水取水泵站,匹配供水能力为 17 741 万 m³。全县共建有机电井 13 936 眼,其中浅井 12 869 眼、深井 1 067 眼。此外,还有东风渠、魏大馆排水渠、宋村排水沟、超级支渠等一系列渠系工程。

5.1.3　经济社会

据《魏县国民经济统计资料》统计,2018 年底,全县辖 21 个乡(镇),总人口 102.93万,其中城镇人口 34.45 万、农村人口 68.48 万。全县耕地面积 91.02 万亩,有效灌溉面积 84.49 万亩。近年来,魏县经济发展迅速,截至 2018 年底,全县生产总值为 182.0 亿元,按可比价格计算增长 9.2%,其中第一产业增加值 33.9 亿元,增长 2.6%,农业作为魏县的支柱型产业,发展不断完善,粮食和经济作物效益不断均衡,形成了"粮经并进"的农业产业格局;第二产业增加值 77.3 亿元,增长 8.6%,近年来魏县不断采取招商引资政策,工业发展较快,目前魏县有从农业型县城转化为工业型县城的趋势;第三产业增加值 70.8 亿元,增长 12.1%,增长速率为各行业最高,表征了魏县第三产业发展迅速、产业结构向均衡化发展。第一产业、第二产业、第三产业占全县生产总值的比例分别为 18.6:42.5:38.9。人均生产总值达到 22 029 元,增长 10.3%。

5.2　水资源开发利用现状分析

5.2.1　供水量现状

魏县现状年水利工程供水情况见图 5-1。根据魏县水资源公报和实际调查资料可知,现状年全县各类水利工程向工农业及生活提供总水量为 17 580 万 m^3。其中,地表水军留灌区提水工程供水量为 4 276 万 m^3,占供水工程供水总量的 24.32%;引黄入邯工程供水量为 1 759.3 万 m^3,占供水工程供水总量的 16.0%;引江工程供水量为 1 050 万 m^3,占总供水量的 5.97%;民有灌区蓄水工程供水量为 1 295 万 m^3,占供水工程供水总量的 7.37%;地下水工程(机电井供水工程)供水量为 9 200 万 m^3,占供水工程供水总量的 52.33%。

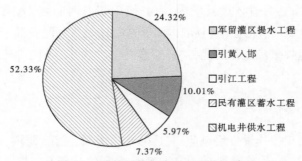

图 5-1　魏县现状年水利工程供水情况

就各水源供水情况来看,2018 年魏县属枯水年份,自产地表水量为 0,故地表水源供水为 0;地下水供水量 9 200 万 m^3,占总供水量的 50%以上,在地下压采工程实施的背景下,魏县的地下水源供水占比过高;外调水供水量 8 380 万 m^3,占总供水量接近 50%,外调水的大量引入有效缓解了魏县地下水源的供水压力。

5.2.2　用水量现状

魏县各行业用水情况见图 5-2。魏县用水包括工业用水、城镇生活用水、农业灌溉用水、农村人畜用水和生态环境用水五部分。2018 年,全县用水总量为 17 580 万 m^3,较

2017 年增加 65 万 m³,变化幅度不大;其中工业用水量为 750 万 m³,占总用水量的 4.27%,较 2017 年降低了 210 万 m³,降幅较大;城镇生活用水量为 840 万 m³,占总用水量的 4.78%,较 2017 年增长了 199 万 m³,城镇生活用水量的增长反映了魏县的城镇化进程;农村人畜用水量为 1 365 万 m³,占总用水量的 7.76%,较 2017 年减少了 79 万 m³,与城镇生活用水量增加相对应;生态环境用水量 442 万 m³,占总用水量的 2.51%;农业用水量 14 183 万 m³,占总用水量的 80.68%,较 2017 年减少 287 万 m³,反映了魏县节水灌溉措施的进一步推广。综上可知,农业灌溉用水量所占比例最大,农村人畜用水量次之,生态环境用水量最少。

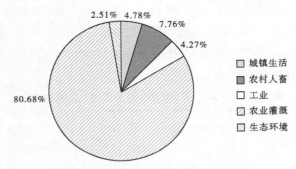

图 5-2　2018 年魏县各行业用水情况

5.2.3　用水效率

根据《2018 年魏县水资源公报》及《2018 年魏县统计年鉴》,列出魏县现状年用水水平,见表 5-1。2018 年魏县城镇人口 34.45 万,农村人口 68.48 万,结合上述用水情况统计,计算得出城镇居民平均每人每日综合用水量为 64.9 L,农村居民平均每人每日用水量为 41.6 L,对比表 5-2[《河北省行业用水定额》(2016 年)],城镇居民生活用水远低于河北省用水定额,农村居民生活用水在河北省用水定额阈值范围内,结合魏县实际情况考虑,体现了魏县的城镇居民生活水平暂时没有达到河北省的城镇生活平均水平,一些新扩建的城镇供用水设施保障体系有待完善,农村居民生活用水量则在控制范围内。魏县农业有效灌溉面积为 84.49 万亩,2018 年农业灌溉用水 14 183 万 m³,计算得魏县 2018 年综合灌溉定额为 167.9 m³/亩,较河北省农业灌溉用水水平 200 m³/亩来说偏低,说明魏县近年来大力推行的水源置换和高标准管灌方式等措施在农业节水方面起到了积极作用,同时体现出魏县农民较强的节水意识。

表 5-1　魏县现状年用水水平

行业	数量	用水量/万 m³	用水情况	河北省用水定额	用水水平
城镇生活	34.45 万人	840	64.9 L/(人·d)	140 L/(人·d)	低于标准
农村生活	68.48 万人	1 041	41.6 L/(人·d)	60 L/(人·d)	正常标准
农业灌溉	84.49 万亩	14 183	167.9 m³/亩	200 m³/亩	低于标准

根据《2018 年魏县统计年鉴》、《2018 年魏县水资源公报》、河北省和中国 2018 年国民经济和社会发展统计公报及水资源公报,计算得出 2018 年魏县、河北省和全国用水效率相关指标,并将三者进行对比,对比结果见表 5-2。根据表 5-2,魏县的万元 GDP 用水量远高于河北省(50.7 m³/万元)和全国水平(66.8 m³/万元),说明魏县经济增长所带来的水资源消耗大,其用水效益远落后于河北省和全国水平。结合魏县实际情况,造成魏县万元 GDP 用水量过高主要是由于魏县产业结构落后,农业占比过大,县域内几乎没有高新产业支撑;魏县的灌溉水利用系数为 0.88,远高于河北省(0.67)和全国水平(0.56),说明魏县农业节水在全国已达先进水平,查阅魏县资料及相关文献,魏县近年来大力推行水源置换和高标准管灌等措施,对农业节水起到了一定的积极效果,同时,魏县的灌区续建配套与节水改造项目使渠道灌溉水渗漏率、田间输水管道化水平、节水灌溉面积和农业种植结构等农业节水相关指标都获得大幅优化。

表 5-2　2018 年魏县、河北省和全国用水效率对比

地区	万元 GDP 用水量/(m³/万元)	灌溉水利用系数
魏县	96.6	0.88
河北省	50.7	0.67
全国	66.8	0.56

5.3　规划年供需平衡分析

5.3.1　可供水量预测

可供水量是不同水平年、不同保证率的情况下,考虑区域用水需求,当地的水利供水设施可提供的水量。参考魏县近年水资源公报,目前魏县主要是由地表水工程和机电井工程供水。由于《河北省地下水管理条例》中规定,要建立取水井关停机制,严控地下水开采,促进地下水可持续利用,因此规划年深层地下水不作为供水水源考虑。现状年魏县虽基本未涉及再生水的使用,但结合 2020 年实施的《邯郸市城市再生水利用管理办法》《水污染防治行动计划》《邯郸市城市排水和污水处理条例》等规定,考虑规划年将再生水列入区域供水水源中,再生水和微咸水同列为非常规水源中。当前,魏县正在进行水源置换工作,预计 2022 年即可实现引江水全覆盖,各乡(镇)生活用水和工业园区用水由引江工程供给。规划年魏县水源为地表水、地下水、外调水和非常规水。

5.3.1.1　地表水可供水量

地表水资源量是指流经区域的河流、湖泊等地表水体中由降水形成的,可以逐年更新的动态水量。对于魏县来说,地表水资源量来源于漳河—魏县段中由降水形成的水量,其可供水资源量明显受平枯年份影响。依据魏县水资源评价,平水年魏县地表水可供水量为 5.72 万 m^3,枯水年魏县地表水可供水量为 0.12 万 m^3。

5.3.1.2　地下水可供水量

地下水水源工程主要指以开采各类地下水为对象的机电井工程,为配合河北省地下水超采治理,实现地下水的采补平衡,规划年魏县通过采用建设引黄调蓄水库增加地表水可供水量置换出当地地下水的方式,逐步将地下水水源纳入预备水源,少数地区由于地表水水源工程短缺,其供水继续以地下水水源为主。

地下水开采分为浅层地下水开采和深层地下水开采,根据 2018 年开始实施的《河北省地下水管理条例》,地下水开采以浅层地下水为主,深层地下水严格限制开采,故规划年魏县地下水开采不再考虑深层地下水。

依据《邯郸市东部咸水水资源调查评价》得到,魏县地区平原区多年平均浅层地下水可开采量为 6 358 万 m^3。参照近几年魏县地下水可供水量值以及相关地下水开采条例等的要求,本次可开采系数以 0.9 计,因此预计规划年 2025 年魏县地区地下水可开采量为 5 722 万 m^3。

5.3.1.3　外调水可供水量

1.提卫工程引水量

引卫水是指在魏县南端,通过军留扬水站提取卫河水,以保证军留灌区及东风渠、超级支渠、魏大馆排水渠沿线的农田灌溉用水。根据《魏县水资源公报》(2014—2019 年)里历年魏县提取卫河水量数据对规划年魏县提卫工程引水量进行预测,除去漏损水量后,魏县规划年提卫河水可供水量预测为 4 926.67 万 m^3。

2.引黄入邯工程水量

引黄水是指通过引黄入邯调水工程,利用虹吸枢纽将黄河水经渠系引入魏县境内,用于魏县农业直接灌溉用水和退水灌溉用水,根据《河北省地下水超采综合治理实施方案》,魏县引黄入邯水量为 2 183 万 m^3,参照《魏县水资源公报》近年数据,水量的漏损率按 25%计,引黄水可供水量为 1 637.3 万 m^3。

3.民有渠引水量

民有渠引水量来源于岳城水库,岳城水库位于邯郸市磁县,属大(1)型水库,通过岳城水库调蓄,可保证包括魏县内的邯郸市民有灌区的农业灌溉用水。

魏县、磁县同属邯郸市境内,因此平枯年份变化大致相同,故魏县民有渠的上游来水量受平枯年份影响。参考魏县水资源公报(2014—2019 年),魏县民有灌区从岳城水库引水,通过渠系输水,供魏县地区农业灌溉,扣除漏损水量后,计算可得平水年可供水量为 3 859.01 万 m^3,枯水年可供水量为 2 572.67 万 m^3。

4.南水北调水量

引江调水工程属于南水北调中线配套工程,其引水量主要用于魏县的生活和工业用水,依据《河北省南水北调中线配套工程规划》及《邯郸市南水北调配套工程水厂以上输水管道工程可行性研究报告》可得,2025 年南水北调中线工程分配到魏县的水量为 2 100 万 m^3,由于该工程以管道输水,损失率较小,输水损失率按 3.55% 计,则南水北调可供水量为 2 025.5 万 m^3。

5.3.1.4　非常规水可供水量

1. 再生水

再生水包含城镇生活用水量和工业用水量的污水回收利用。城镇生活用水量分别乘以折污系数、污水收集系数和再生水折算系数,即为城镇生活用水量对应的再生水可供水量。截至 2018 年底,魏县共有污水处理厂 3 座,处理规模 4.00 万 m^3/d。魏县污水处理有限公司,设计处理能力为日处理 3.00 万 m^3。自正式投产以来,污水处理设备运转良好,日平均处理污水量为 2.39 万 m^3。截至 2018 年,魏县新建两座污水处理厂,分别为魏县双井镇污水处理厂和魏县回隆镇污水处理厂,其中双井镇污水处理厂设计污水处理能力为 1.00 万 m^3/d。污水处理在控制污染和保护当地河流流域水质和生态平衡发挥着非常重要的作用。

结合魏县实际情况和相关条例,本次研究将折污系数定为 0.8,污水收集系数定为 0.9,再生水折算系数定为 0.9。同理,工业用水量乘以折污系数 0.2,再乘以污水收集系数 0.95,所得值乘以再生水折算系数 0.9,即为工业用水量对应的再生水可供水量。其中,折污系数根据《生活源产排污系数及使用说明》(修订版 201101)确定。计算可得,魏县 2025 年城镇生活用水对应的再生水量为 1 531.16 万 m^3;工业用水量对应的再生水量为 232.67 万 m^3。汇总可得 2025 年魏县再生水可供水量为 1 763.83 万 m^3。

2. 微咸水

微咸水是指当地地下 30~50 m 的浅水层,含盐量在 0.3% 之内,矿化度在 2~3 g/L 的水资源。依据《邯郸市水资源调查评价》可知,由魏县近地下水开发利用情况得魏县平原区微咸水可供水量为 3 792 万 m^3,山丘区无微咸水,因此 2025 年魏县微咸水可供水量为 3 792 万 m^3。

此外,《邯郸市实行最严格水资源管理制度用水总量红线控制目标(2025 年)》中设定魏县地下水开采相应红线指标为 8 518 万 m^3,其中浅层水和微咸水计入地下水红线指标,故微咸水开采应控制在 2 796 万 m^3。

综上所述,规划年 2025 年魏县非常规水可供水量为 4 559.83 万 m^3。

5.3.1.5　可供水总量

综合以上各水源的可供水量预测结果,可得 2025 年魏县在不同设计频率下的可供水总量,其中地表水源工程枯水年可供水量会减少,其余水源基本不受平枯年份影响。平水年魏县可供水总量为 21 284.35 万 m^3,枯水年魏县可供水总量为 19 992.42 万 m^3,见图 5-3 和图 5-4。

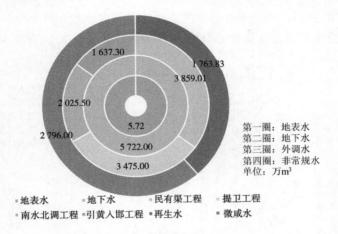

图 5-3　平水年魏县可供水量

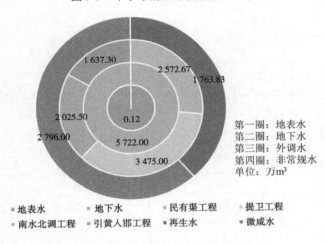

图 5-4　枯水年魏县可供水量

5.3.2　需水量预测

5.3.2.1　生活需水量预测

生活需水量预测分为城镇生活需水量预测与农村生活需水量预测两部分。首先,需进行城市人口和农村人口预测。采用定额法预测规划年魏县生活需水量,公式如下:

$$W_{生活} = 0.365 \sum_{i=1}^{2} N_i \cdot q_i \tag{5-1}$$

式中: $W_{生活}$ 为生活需水量; N_i 为居民人口数量; q_i 为生活需水定额; i 为序号,1 代表城镇居民,2 为农村居民。

1. 城镇人口和农村人口预测

人口预测一般有 Logistic 法、灰色预测法、指数平滑法等。其中,指数平滑法运用比较灵活,适用范围较广,常用来进行数据序列较短的人口预测。指数平滑法是一种特殊的加权移动平均法,是以本期的实际发生数和上期的预测值为基数,分别给予不同的权数来计算指数平滑值,并以此确定预测结果的方法。按照时间数据序列特征,本次选用适用于线性趋势型时间序列的二次指数平滑法。指数平滑法预测 2025 年魏县人口结果见图 5-5、见表 5-3。

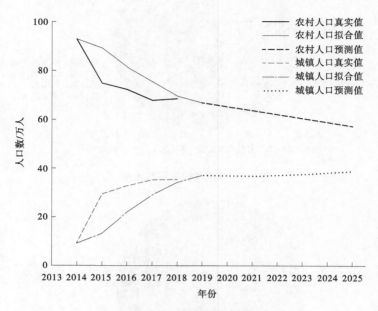

图 5-5　规划年魏县人口预测

表 5-3　2025 年魏县人口预测　　　　　　　　　　　单位:万人

行政分区	总人口	城镇人口	农村人口
魏城镇	19.50	14.59	0
东代固镇	5.05	3.20	0.77
棘针寨镇	2.91	0.74	1.90
德政镇	3.93	2.94	0
沙口集乡	4.96	0.58	4.18
野胡拐乡	2.13	0	2.12
仕望集乡	2.49	0.58	1.70
北皋镇	8.23	2.33	5.10
前大磨乡	3.21	0	3.20
院堡乡	2.63	0.68	1.71
双井镇	5.97	2.93	2.05
南双庙乡	4.30	0	4.29
大马村乡	1.85	0	1.84
大辛庄乡	3.06	0	3.05
边马乡	5.01	0	4.99
牙里镇	7.87	3.70	2.90

续表 5-3

行政分区	总人口	城镇人口	农村人口
张二庄镇	7.12	2.13	4.26
车往镇	5.37	2.11	2.54
回隆镇	6.46	2.23	3.47
北台头乡	2.61	0	2.60
泊口乡	4.60	0	4.59
全县	109.27	38.76	57.30

2. 城镇生活需水量预测

根据《河北省行业用水定额》(2016 年),为更加准确量化魏县城镇生活需水,将魏县城镇生活用水定额确定为 110~140 L/(人·d)。通过咨询相关专家,建议城市管网漏失率按 12% 计,可得在用水定额为 110 L/(人·d)时,2025 年魏县城镇生活毛需水量为 2 362.90 万 m³,其中魏城镇需水量最大,为 889.84 万 m³;当用水定额为 140 L/(人·d)时,2025 年魏县城镇生活毛需水量为 3 007.32 万 m³,魏城镇用水量高于其他各行政分区用水量,为 1 132.52 万 m³。野胡拐乡、前大磨乡、南双庙乡、大马村乡、大辛庄乡、边马乡、北台头乡和泊口乡城镇化率为 0,故城镇居民生活需水量为 0。近期规划年城镇居民生活需水量预测见表 5-4。

表 5-4　2025 年城镇居民生活需水量预测　　单位:万 m³

行政分区	定额 110 L/(人·d)	定额 140 L/(人·d)
魏城镇	889.84	1 132.52
东代固镇	195.30	248.56
棘针寨镇	45.32	57.69
德政镇	179.30	228.20
沙口集乡	35.33	44.96
仕望集乡	35.33	44.96
北皋镇	141.97	180.69
院堡乡	41.33	52.60
双井镇	178.63	227.35
牙里镇	225.96	287.58
张二庄镇	129.98	165.42
车往镇	128.64	163.73
回隆镇	135.97	173.06
全县	2 362.90	3 007.32

3. 农村生活需水量预测

依据《河北省行业用水定额》(2016 年),确定魏县农村居民生活用水定额区间为 40~60 L/(人·d),通过专家咨询,建议管网漏失率以 16% 计,经计算可知,在用水定额为 40 L/(人·d)时,2025 年魏县农村居民生活毛需水量为 999.02 万 m^3,其中北皋镇农村居民生活需水量最大,为 88.99 万 m^3;当用水定额为 60 L/(人·d)时,2025 年魏县居民生活毛需水量为 1 498.53 万 m^3。伴随着城镇化进程的加快,预计到 2025 年魏城镇和德政镇无农村居民生活用水。规划年农村居民生活需水量预测见表 5-5。

表 5-5 2025 年农村居民生活需水量预测 单位:万 m^3

行政分区	定额 40 L/(人·d)	定额 60 L/(人·d)
东代固镇	13.42	20.13
棘针寨镇	33.26	49.89
沙口集乡	72.80	109.19
野胡拐乡	37.05	55.58
仕望集乡	29.76	44.64
北皋镇	88.99	133.48
前大磨乡	55.73	83.59
院堡乡	29.91	44.86
双井镇	35.74	53.61
南双庙乡	74.69	112.04
大马村乡	32.24	48.36
大辛庄乡	53.25	79.87
边马乡	87.09	130.64
牙里镇	50.62	75.93
张二庄镇	74.26	111.38
车往镇	44.35	66.52
回隆镇	60.54	90.81
北台头乡	45.37	68.06
泊口乡	79.95	119.92
全县	999.02	1 498.53

4. 生活需水量汇总

综上,魏县规划年生活需水量在[3 361.92,4 505.82]万 m^3,生活需水量汇总见表 5-6。

表 5-6　2025 年居民生活需水量　　　　　　单位:万 m³

行政分区	需水下限	需水上限
魏城镇	889.84	1 132.52
东代固镇	208.72	268.69
棘针寨镇	78.58	107.58
德政镇	179.30	228.20
沙口集乡	108.13	154.15
野胡拐乡	37.05	55.58
仕望集乡	65.09	89.60
北皋镇	230.96	314.17
前大磨乡	55.73	83.59
院堡乡	71.24	97.46
双井镇	214.37	280.96
南双庙乡	74.69	112.04
大马村乡	32.24	48.36
大辛庄乡	53.25	79.87
边马乡	87.09	130.64
牙里镇	276.58	363.51
张二庄镇	204.24	276.80
车往镇	172.99	230.25
回隆镇	196.51	263.87
北台头乡	45.37	68.06
泊口乡	79.95	119.92
全县	3 361.92	4 505.82

5.3.2.2　农业需水量预测

魏县农业需水包括农业灌溉需水和牲畜用水。

1. 农业灌溉需水量预测

农业灌溉需水量计算公式见式(5-2)。结合魏县社会经济情况可知,魏县主要的作物是冬小麦、夏玉米、棉花、油料、蔬菜、鸭梨。结合当地的土壤条件和节水政策,认定到 2025 年魏县可全部实行高标准管灌的灌溉方式,采用定额法预测规划年农业灌溉需水量,根据《河北省行业用水定额》(2016 年),得到平水年各作物的基本用水定额,取灌溉规模调节系数为 1.13,水源调节系数为 1.03,灌溉形式调节系数为 0.88,经计算得到每种作物在不同水平年下的灌溉用水定额见表 5-7。

$$W_{农业灌溉} = M \cdot p/\varepsilon \tag{5-2}$$

式中:$W_{农业灌溉}$为农业灌溉需水量,万 m^3;p 为各农作物用水定额[见式(5-3)];ε 为灌溉水利用系数。

$$p = p' \cdot t \cdot s \cdot g \tag{5-3}$$

式中:p' 为基本用水定额;t 为灌溉规模调节系数;s 为水源调节系数;g 为灌溉形式调节系数。

表 5-7 农作物灌溉用水定额 单位:m^3/亩

作物	平水年灌溉用水定额	枯水年灌溉用水定额
冬小麦	108	143
夏玉米	51	102
棉花	51	77
油料	41	61
蔬菜	129	143
鸭梨	154	215

根据《2018 年魏县统计年鉴》,魏县现状年有效灌溉面积为 62.20 万亩,根据魏县农田开发利用现状以及耕地面积保护红线政策,预测 2025 年魏县总的有效灌溉面积和各乡(镇)的有效灌溉面积及种植结构均保持不变。经计算得到魏县每个行政分区的农业灌溉需水量,魏县平水年农业灌溉需水量为[9 969.66,14 212.37]万 m^3,枯水年农业灌溉需水量为[12 627.52,18 039.31]万 m^3。2025 年魏县各乡(镇)农业灌溉需水量见表 5-8。

表 5-8 2025 年魏县各乡(镇)农业灌溉用水量

行政分区	作物面积/亩						平水年需水量/万 m^3	枯水年需水量/万 m^3
	冬小麦	夏玉米	棉花	油料	蔬菜	鸭梨		
魏城镇	23 000	20 063	354	2 234	5 374	22 065	733.68	1 094.69
东代固镇	4 950	4 868	187	4 165	8 166	9 530	338.78	466.24
棘针寨镇	14 200	13 730	1 581	1 512	7 927	2 232	482.15	523.20
德政镇	14 712	12 844	374	749	6 723	59	374.19	444.13
沙口集乡	31 030	37 638	134	5 060	6 753	2 926	574.62	1 014.28
野胡拐乡	17 100	18 106	24	1 605	3 603	1 906	402.88	529.16
仕望集乡	17 600	17 309	321	140	7 483	1 500	337.81	568.04
北皋镇	49 900	47 409	2 495	2 800	7 834	0	764.59	1 339.17
前大磨乡	27 955	26 704	406	1 886	2 933	0	409.90	725.37
院堡乡	18 994	17 576	387	300	3 992	2 415	326.29	561.92

续表 5-8

| 行政分区 | 作物面积/亩 | | | | | | 平水年需水量/万 m³ | 枯水年需水量/万 m³ |
	冬小麦	夏玉米	棉花	油料	蔬菜	鸭梨		
双井镇	40 393	38 610	1 777	1 490	4 318	586	938.14	1 063.54
南双庙乡	34 630	35 130	0	2 620	790	1 665	506.06	912.37
大马村乡	19 936	18 352	604	842	3 278	30	302.27	527.11
大辛庄乡	35 090	28 266	1 007	1 998	5 286	1 970	535.73	923.51
边马乡	44 800	42 196	874	233	5 108	30	650.44	1 147.50
牙里镇	41 850	40 028	128	546	5 545	920	1 056.54	1 104.93
张二庄镇	49 672	44 819	1 679	2 639	5 961	750	1 199.52	1 291.77
车往镇	34 800	33 912	1 055	2 207	3 820	2 923	554.84	977.89
回隆镇	39 544	37 274	0	500	4 334	600	577.48	1 018.83
北台头乡	25 296	25 056	438	665	4 390	829	401.17	702.01
泊口乡	31 011	30 415	496	516	2 610	600	453.64	807.10
全县	622 023	595 695	14 321	34 707	107 668	53 536	11 920.72	17 742.76

2. 畜牧需水量预测

根据魏县统计资料可知,魏县的畜牧主要为大牲畜、猪、羊。根据近几年各畜牧种类的增长率预测 2025 年的下降率为 5%,通过 2018 年每种畜牧的数量预计规划年畜牧数量,采用定额法,以河北省 2016 年颁布的行业用水定额为依据,经计算得到魏县地区 2025 年畜牧用水总量为[98.68,140.97]万 m³,规划年各乡(镇)畜牧需水量见表 5-9。

表 5-9　2025 魏县各乡(镇)畜牧需水量

| 行政分区 | 2018 年畜牧数量/只 | | | 2025 年畜牧数量/只 | | | 2025 年需水量/万 m³ | | |
	大牲畜	生猪	羊	大牲畜	生猪	羊	大牲畜	生猪	羊
街道办	124	4 752	8 143	82	3 153	5 402	0.12	1.61	1.97
魏城镇	208	7 888	12 489	138	5 233	8 285	0.20	2.67	3.02
东代固镇	436	5 545	10 774	289	3 679	7 148	0.42	1.88	2.61
棘针寨镇	326	5 478	8 279	216	3 634	5 492	0.32	1.86	2.00
德政镇	347	6 050	8 569	230	4 014	5 685	0.34	2.05	2.07
沙口集乡	707	8 541	14 285	469	5 666	9 477	0.68	2.90	3.46
野胡拐乡	282	6 655	7 541	187	4 415	5 003	0.27	2.26	1.83
仕望集乡	322	5 333	7 806	214	3 538	5 179	0.31	1.81	1.89
北皋镇	830	11 645	18 768	551	7 726	12 451	0.80	3.95	4.54
前大磨乡	323	5 518	8 056	214	3 661	5 345	0.31	1.87	1.95

续表 5-9

行政分区	2018 年畜牧数量/只			2025 年畜牧数量/只			2025 年需水量/万 m³		
	大牲畜	生猪	羊	大牲畜	生猪	羊	大牲畜	生猪	羊
院堡乡	186	7 491	10 289	123	4 970	6 826	0.18	2.54	2.49
双井镇	576	13 669	12 997	382	9 068	8 622	0.56	4.63	3.15
南双庙乡	583	6 818	11 659	387	4 523	7 735	0.56	2.31	2.82
大马村乡	312	5 423	6 468	207	3 598	4 291	0.30	1.84	1.57
大辛庄乡	427	5 317	9 830	283	3 527	6 521	0.41	1.80	2.38
边马乡	723	17 199	15 911	480	11 410	10 556	0.70	5.83	3.85
牙里镇	721	16 706	16 458	478	11 083	10 919	0.70	5.66	3.99
张二庄镇	706	16 835	16 574	468	11 169	10 996	0.68	5.71	4.01
车往镇	619	8 331	13 850	411	5 527	9 188	0.60	2.82	3.35
回隆镇	737	11 955	16 299	489	7 931	10 813	0.71	4.05	3.95
北台头乡	423	6 765	18 660	281	4 488	12 379	0.41	2.29	4.52
泊口乡	597	8 580	16 898	396	5 692	11 210	0.58	2.91	4.09
全县	10 515	192 494	270 603	6 976	127 704	179 524	10.18	65.26	65.53
合计	473 612			314 204			140.97		

综上,规划年魏县农业需水量在 [12 061.69, 17 883.73] 万 m³ 区间内,各乡(镇)农业需水量汇总见表 5-10。

表 5-10　各乡(镇)农业需水量汇总　　　　　　单位:万 m³

行政分区	农业需水量		行政分区	农业需水量	
	平水年	枯水年		平水年	枯水年
魏城镇	769.41	1 103.39	南双庙乡	598.84	919.62
东代固镇	347.98	469.94	大马村乡	357.69	531.30
棘针寨镇	373.91	527.36	大辛庄乡	633.95	930.85
德政镇	316.65	447.66	边马乡	769.70	1 156.62
沙口集乡	679.98	1 022.34	牙里镇	743.65	1 113.71
野胡拐乡	359.10	533.36	张二庄镇	871.58	1 302.03
仕望集乡	399.75	572.55	车往镇	656.57	985.66
北皋镇	904.78	1 349.81	回隆镇	683.36	1 026.93
前大磨乡	485.05	731.13	北台头乡	474.72	707.59
院堡乡	386.11	566.38	泊口乡	536.82	813.51
双井镇	712.07	1 071.99	全县	12 061.69	17 883.73

5.3.2.3　工业需水量预测

本书研究选用定额法预测,其核心为工业产值与万元产值需水量之间的相关关系。

灰色预测模型 GM(1,1) 常被用来对序列较短的数据进行预测,且不用考虑其分布规律。根据收集资料情况,选用灰色预测模型 GM(1,1) 预测规划水平年的工业产值,最后用定额法计算魏县规划年工业需水量。

运用 SPSSAU 软件输入魏县 2015—2019 年工业产值,得到模型级比值,见表 5-11。

表 5-11　GM(1,1) 模型级比值

年份	原始值	级比值 λ	原始值+平移转换值	转换后的级比值 λ
2015	47.2	——	136.2	——
2016	57.21	0.932	146.21	0.932
2017	81.7	0.857	170.7	0.857
2018	77.3	1.026	166.3	1.026
2019	88.5	0.937	177.5	0.937

从表 5-11 可知,针对工业产值进行 GM(1,1) 模型构建,首先进行级比值检验,用于判断数据序列进行模型构建的适用性。级比值为上一期数据/当期数据。结果显示:原始数据并没有通过级比值检验,因此进行平移转换,即在原始值基础上加入平移转换值 89.00,最终平移转换后的数据级比检验值均在标准范围区间 [0.717,1.396] 内,意味着本数据适合进行 GM(1,1) 模型构建。

模型构建后,输出发展系数 a 为 -0.0533,灰色作用量 b 为 140.912 3,后验差比 C 为 0.123 1,其中一般认为后验差比 C 值小于 0.35,则模型精度等级好,可得构建灰色预测模型适用于工业增加值预测,模型检验见表 5-12。

表 5-12　GM(1,1) 模型检验

序号	原始值	预测值	残差	相对误差	级比偏差
1	47.2	47.2	0	0	——
2	57.21	63.189	-5.979	10.45%	0.13
3	81.7	71.518	10.182	12.46%	0.261
4	77.3	80.304	-3.004	3.89%	-0.115
5	88.5	89.57	-1.07	1.21%	0.079

模型构建后对相对误差和级比偏差值进行分析,以验证模型效果情况,模型相对误差值最大值 0.125<0.2,意味着模型拟合效果达到要求。模拟结果得到 2025 年工业产值为 156.84 万元,工业增加值趋势如图 5-6 所示。

根据 GM(1,1) 预测的工业产值,依据《关于下达“十四五”期间节水主要指标的通知》(冀水节〔2020〕27 号),确定 2025 年万元工业增加值用水量为 13.2 m³/万元,通过趋势法预测规划年魏县的工业增加值,城市管网漏失率按 12% 计。可得,魏县工业需水下限为 1 360.64 万 m³。魏县的工业集中在魏城镇工业园区,因此魏县的工业需水量为 [1 943.77,1 360.64] 万 m³,集中在魏城镇内。

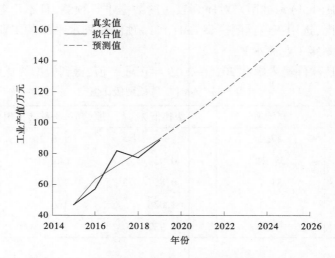

图 5-6　魏县 2025 年工业产值预测

5.3.2.4　第三产业需水量预测

对于魏县地区,第三产业需水量主要包括当地的企事业单位需水、餐饮服务业需水、商业需水和物流运输业需水等行业需水量。本书先对 2025 年魏县的第三产业产值进行预测,再应用定额法计算魏县地区规划水平年的第三产业需水量。根据《魏县统计年鉴》(2015—2019 年)数据资料可知,近五年魏县第三产业的增加值基本呈线性逐年上升,按可比价计算同比增长得到增长率在 11.86% 附近,通过趋势可得 2025 年魏县第三产业的增加值为 117.9 亿元。结合河北省积极谋划"十四五"水利改革发展蓝图与魏县当地第三产业发展情况,预计 2025 年魏县第三产业万元增加值用水量为 8 m^3/万元。城市管网漏失率按 12% 计,计算得出 2025 年魏县第三产业毛需水量为 1 071.82 万 m^3。取需水下限为上限的 70%,可得魏县第三产业需水下限为 750.27 万 m^3。

由于第三产业与区域城镇化率息息相关,故第三产业需水量计算值按照各乡(镇)城镇人口数量分配,以此确定各乡(镇)的第三产业需水量,野胡拐乡、前大磨乡、南双庙乡、大马村乡、大辛庄乡、边马乡、北台头乡和泊口乡第三产业需水量按 0 计。魏县各乡(镇)第三产业需水量见表 5-13。

表 5-13　魏县各乡(镇)第三产业需水量　　　　　　　　　　　　　　　　单位:万 m^3

行政分区	需水量下限	需水量上限	行政分区	需水量下限	需水量上限
魏城镇	282.54	403.63	院堡乡	13.12	18.75
东代固镇	62.01	88.59	双井镇	56.72	81.03
棘针寨镇	14.39	20.56	牙里镇	71.75	102.49
德政镇	56.93	81.33	张二庄镇	41.27	58.96
沙口集乡	11.22	16.02	车往镇	40.85	58.35
仕望集乡	11.22	16.02	回隆镇	43.17	61.68
北皋镇	45.08	64.40	全县	750.26	1 071.81

5.3.2.5　生态需水量预测

生态用水指为维护区域生态环境系统处于稳定所需要的各类水资源总量。采用定额法计算规划年魏县生态需水量,由于县域内所需生态水量较小,故生态需水量的计算不再细分。现状年魏县城镇生态环境用水量为 254 万 m³,农村生态环境用水量为 188 万 m³,城镇居民人均生态环境用水量为 7.37 m³/人,农村居民人均生态环境用水量为 2.75 m³/人,结合近几年人均生态用水增长趋势,考虑城市发展,绿化面积增加,预计规划年 2025 年城镇居民人均生态环境用水量为 8.2 m³/人,农村居民人居生态环境用水量为 3.5 m³/人。计算得到魏县生态环境需水量为[438.09,625.85]万 m³,规划年魏县各乡(镇)生态需水量预测见表 5-14。

表 5-14　规划年魏县各乡(镇)生态需水量预测　　　　单位:万 m³

行政分区	2025 年生态环境需水上限	2025 年生态环境需水下限
魏城镇	159.93	111.95
东代固镇	37.80	26.46
棘针寨镇	14.84	10.39
德政镇	32.22	22.56
沙口集乡	21.01	14.71
野胡拐乡	7.46	5.22
仕望集乡	12.34	8.64
北皋镇	43.44	30.41
前大磨乡	11.22	7.86
院堡乡	13.45	9.41
双井镇	39.30	27.51
南双庙乡	15.04	10.53
大马村乡	6.49	4.54
大辛庄乡	10.72	7.51
边马乡	17.54	12.28
牙里镇	50.80	35.56
张二庄镇	38.31	26.82
车往镇	32.05	22.44
回隆镇	36.63	25.64
北台头乡	9.14	6.40
泊口乡	16.10	11.27
全县	625.85	438.09

5.3.2.6　总需水总量

综合上述预测结果,2025 年魏县平水年需水总量为[17 972.61,20 208.98]万 m³,枯水年需水总量为[23 794.65,26 031.02]万 m³。其中,生活需水量为[4 112.19,

5 577.67]万 m³,工业需水量为[1 360.64,1 943.77]万 m³,第三产业需水量为[750.27, 1 071.82]万 m³,生态需水量为[438.09,625.85]万 m³,平水年农业需水量为 12 061.69 万 m³,枯水年农业需水量为 17 883.73 万 m³。具体预测情况见图 5-7、图 5-8。

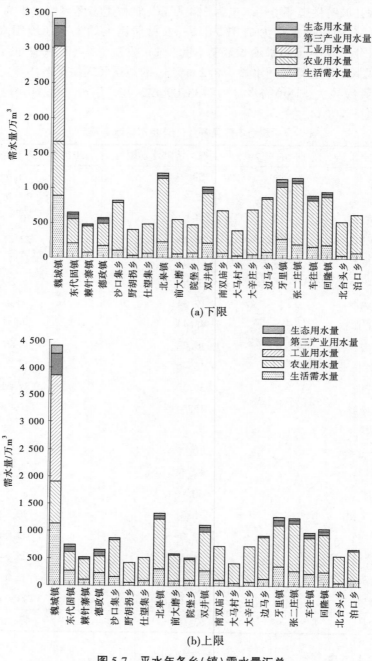

图 5-7　平水年各乡(镇)需水量汇总

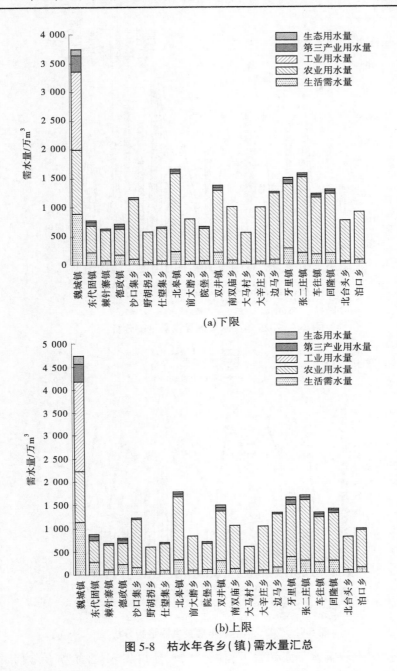

(a) 下限

(b) 上限

图 5-8　枯水年各乡(镇)需水量汇总

5.3.3　供需平衡分析

在规划年需水量和可供水量预测后,需对研究区域进行一次供需平衡分析。以求初步客观地反映区域水资源的缺水程度。

根据往年各乡(镇)水资源分配情况,将规划年可供水量分配至各乡(镇),与规划年预测需水量进行对比分析,对比结果见图 5-9、图 5-10。

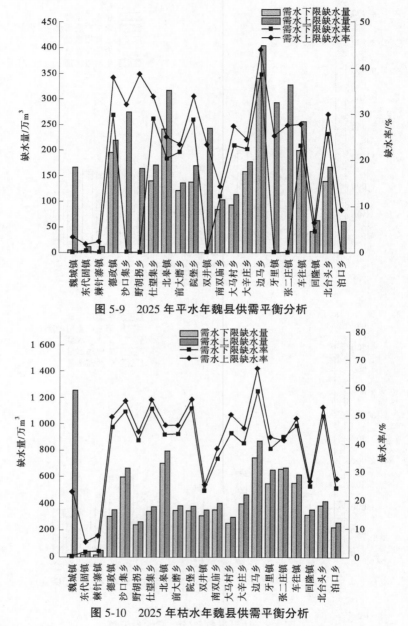

图 5-9　2025 年平水年魏县供需平衡分析

图 5-10　2025 年枯水年魏县供需平衡分析

　　2025 年平水年中,在需水下限情景下,棘针寨镇、沙口集乡、野胡拐乡、双井镇、牙里镇、张二庄镇和泊口乡的可供水量可以满足用水需求,其余乡(镇)均出现不同程度的缺水问题。缺水量超过 100 万 m³ 的乡(镇)有德政镇、仕望集乡、北皋镇、前大磨乡、院堡乡、大辛庄乡、边马乡、车往镇和北台头乡,其中边马乡缺水量和缺水率最高,缺水量 339. 86 万 m³,缺水率达 38. 64%。在需水上限情景下,则均存在缺水问题,其中东代固乡、棘针寨镇、回隆镇和泊口乡的缺水量较少,均少于 100 万 m³,其余乡(镇)缺水量则较高,边马乡缺水量最高,达 403. 16 万 m³,缺水率为 43. 92%。

　　在需水下限情景下,各乡(镇)均出现不同程度的缺水情况,魏城镇、东代固乡和棘针寨镇的缺少量较少,小于 100 万 m³,其余乡(镇)的缺水量则均高于 100 万 m³,其中边马乡缺水量和缺水率最高,达 744.02 万 m³,缺水率为 58.75%。

　　在需水上限情景下,仅东代固乡和棘针寨镇的缺水量小于 100 万 m³,其余乡(镇)缺水量均超过 100 万 m³,其中魏城镇缺水量最高,达 1 252.11 万 m³,缺水率最高的是边马乡,达 66.77%。

　　各乡(镇)中,魏城镇的需水下限和上限情景缺水量差别最大,是因为工业需水的上下限的差距较大;而平枯年份情景的缺水量差别较大的乡(镇)如沙口集乡是因为多数需水在受平枯年份影响的农业行业上。供需平衡分析结果反映出即使近年来魏县逐渐加强外调水引入,推广农业节水,但用水缺口依然存在,考虑到魏县还要进一步限制地下水的开发利用,因此亟须对区域开展水资源优化配置,补充缺水乡(镇)的用水缺口。

5.4　GWAS 模型的构建

5.4.1　计算单元的划分

　　根据对魏县水资源系统的分析可知,研究区域是一个以多水源联合调配供给、以农业用水为主的水资源系统网络,依据行政区划将魏县分为 21 个计算单元。重点考虑地下水工程、提水工程、引水工程以及河流渠道等,将供水水源与用水户之间联系起来,魏县水资源系统配置网络见图 5-11。

图 5-11　魏县水资源系统配置网络

5.4.2　供用水关系及次序的确定

5.4.2.1　水源与计算单元供水关系

GWAS 模型中水源与各计算单元的供水关系的确定主要由水库与计算单元供水关系、水库与水库供水关系和计算单元与计算单元之间的供水关系组成。各供水关系确定的主要依据为现有的供水网络体系及相关的水利(如渠系修建、管道建设等)规划。魏县规划年的供水网络主要依据的是地表"全域水网"体系和引江工程的管道线全区域覆盖,因此确定上述供水关系结果见表 5-15(√表示存在供水关系)。

表 5-15　水源与计算单元供水关系

行政分区	地表水 民有干渠	地下水 浅层地下水	外调水			非常规水	
			南水北调水	引黄入邯水	提卫河水	再生水	微咸水
魏城镇	√	√	√	√	√	√	√
东代固镇	√	√	√	√	√		√
棘针寨镇	√	√	√	√	√		√
德政镇	√	√	√	√	√	√	√
沙口集乡	√	√	√	√	√		√
野胡拐乡	√	√	√	√	√		√
仕望集乡	√	√	√	√	√		√
北皋镇	√	√	√	√	√		√
前大磨乡	√	√	√	√	√		√
院堡乡	√	√	√	√	√		√
双井镇	√	√	√	√	√	√	√
南双庙乡	√	√	√	√	√		√
大马村乡	√	√	√	√	√		√
大辛庄乡	√	√	√	√	√		√
边马乡	√		√	√	√		√
牙里镇		√	√	√	√		√
张二庄镇		√	√	√	√		√
车往镇		√	√	√	√		√
回隆镇		√	√	√	√		√
北台头乡		√	√	√	√		√
泊口乡		√	√	√	√		√

5.4.2.2　水源与行业供水关系

根据第 5.3.1、5.3.2 部分,魏县规划年的需水行业主要包括生活用水、农业用水、工业用水、第三产业用水和生态环境用水,可供水源主要包括地表水、地下水、非常规水和外调水,魏县水源与行业之间的供水关系确定主要依据现状年水源-行业供水体系和水源置换工作的相关规划。其中,生活用水对水质的要求最高,其供水水源的来源限制为南水北调水和地下水;第三产业用水对水质的要求较高,其供水水源的来源限制为南水北调水和地下水;工业用水对水质的要求较高,且结合《邯郸市人民政府办公厅关于用足用好南水北调引江水的实施意见》,工业的供水水源限制为南水北调水和再生水;农业用水对水质的要求较高,结合魏县相关水利规划,将农业供水水源限制在地表水、引黄水、提卫水、地下水和微咸水,其中微咸水与地下水应混合灌溉以达到水质要求;生态环境用水对水质的要求一般,其供水水源主要由非常规水组成。魏县的水源与行业供水关系见表 5-16(√表示存在供水关系)。

表 5-16　魏县的水源与行业供水关系

水源		生活	农业	工业	第三产业	生态环境
地表水	民有干渠		√			
地下水	浅层地下水	√	√		√	
外调水	南水北调水	√		√	√	
	引黄入邯水		√			
	提卫河水		√			
非常规水	再生水			√		√
	微咸水		√			

选定浅层水、再生水和水库来水作为水源控制中枢,根据魏县外调水、地表水、地下水的依次供水原则,对供水水源进行排序;选择生活、生态、工业、农业为行业控制中枢,确定用水行业次序依次为城市生活用水、农村生活用水、城市生态用水、工业用水、农业用水、农村生态用水;之后输入不同水源对不同行业的分水比作为供水权重系数,确定好各要素之后运行模型,计算迭代生成结果,进行结果校验并输出报表。

5.4.3　模型参数及情景设定

采用 GWAS 模型软件的优化配置模拟方法,经过测算,设定优化模拟参数为:种群大小 50,交叉概率 0.3,变异概率 0.50,最大运行次数 30。优化调配系数设置为:缺水率权重 0.50,公平性权重 1.00,生活权重 10.00,工业行业权重 10.00,农业行业权重 5.00,生态行业权重 5.00。其中,模型暂未设置第三产业选项,考虑到魏县水资源行业利用现状,第三产业用水和生活用水具有高度的相似性,因此模型里将第三产业用水和生活用水合并计算。

根据第 5.3.2 部分需水总量预测,本书利用 GWAS 模型模拟魏县规划年水资源优化配置结果共分为四种情景:平水年需水下限情景、平水年需水上限情景、枯水年需水下限情景、枯水年需水上限情景,其中需水下限情景即规划年魏县各行业高效节水下的情景,需水上限情景则为一般状态下的情景。

5.5　结果分析

5.5.1　供用水水源结构分析

5.5.1.1　供水水源结构

　　由于各情景下魏县的供水结构高度类似,因此不再细分情景设置。

　　1.乡(镇)供水水源结构

　　魏县规划供水水源结构如图 5-12 所示,自产地表水由于水量极少,在图中几乎不显示。根据魏县地下水超采严重的实际情况,对于魏县来说,规划年浅层地下水与微咸水供水占比越低的乡(镇)的水源结构越"健康"。

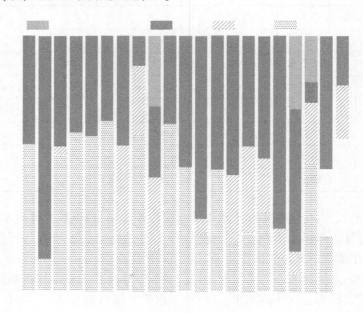

图 5-12　魏县规划供水水源结构

　　从县域尺度来看,规划年地下水和微咸水占比共计 44.4%,较现状年地下水占比52.3%来讲明显下降,说明在加大外调水引入、限制地下水开采的情况下,魏县的供水结构在不断优化。就乡(镇)尺度而言,车往镇、东代固乡、北台头乡、北皋镇、大马村乡、前大磨乡、大辛庄乡、棘针寨乡的供水水源基本由地下水和外调水构成,其余乡(镇)则主要由地下水、外调水和非常规水三种水源构成。根据图 5-12,浅层地下水与微咸水合计供水占比最低的是东代固乡,仅 12.3%,分析是由于东代固乡需水量较小,另外紧邻魏县水厂、引黄干线等外调水工程,因此地下水和微咸水预计开采量较少;其次是魏城镇,浅层地下水和微咸水合计占比为 15.3%,魏城镇作为县城所在地,最先完成水源置换工作,南水北调水等外来水量丰富,地下水仅作为生活用水和第三产业用水的候补水源,因此地下水开采量较少;其余的边马乡和德政镇的供水水源结构中地下水和微咸水量占比少于40%,地下水供水占比较低的区域基本围绕在可大量提取外调水的引黄干线和提卫干线附近,验证了模型输出结果的合理性。浅层地下水和微咸水合计占比最高的是泊口乡,达88.1%,其余乡(镇)中北皋镇、大马村乡、前大磨乡、大辛庄乡、回隆镇和南双庙乡的地下水与微咸水占比超过60%,结合魏县的河流渠系分布情况和魏县水资源系统网络概化,浅层地下水和微咸水占比较高的区域多分布在渠系和管道铺设较为稀少的地区,因此未来魏县供水水源结构优化的主要方向依然是渠系修建和管道铺设全区域覆盖。再生水的供水乡(镇)为拥有污水处理匹配设施的双井镇、魏城镇和回隆镇,由于再生水是区域用水内循环的重要组成部分,因此未来魏县应提高再生水的供水覆盖区域,并提高相应的污水处理回用能力。

2. 外调水供水结构

由第 5.2 节分析可知,魏县的供水水源主要由外调水、地下水和非常规水构成,因此需对这三个水源的供水方向进行分析。规划年魏县外调水供水在各乡(镇)的行业占比如图 5-13 所示。由图 5-13 可知,外调水的绝大部分都用来满足各乡(镇)的农业用水需求,其中北台头乡、大马村乡、张二庄镇、大辛庄乡、边马乡、野胡拐乡、回隆镇和南双庙乡外调水在农业的用水率达 100%,表明了这些乡(镇)的渠系修建工作已处于较高水平,引黄入邯、提卫等渠系式外调水可以充分利用;除这些乡(镇)外,车往镇、北皋镇、前大磨乡、泊口乡、棘针寨乡、院堡乡、沙口集乡和仕望集乡的外调水在生活用水率和第三产业用水率也为 0,这与规划年南水北调管道全区域铺设规划不符,分析是由于南水北调水量引入指标过低,在这部分水量同时供给魏城镇工业园区的情况下,无法支撑魏县全部乡

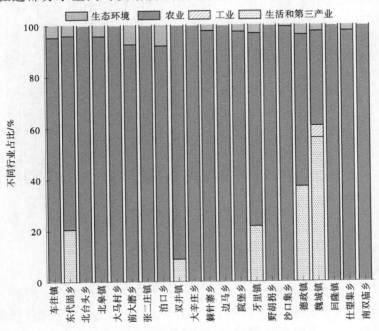

图 5-13 规划年魏县外调水用水结构

(镇)生活用水的水源置换工作,因此未来魏县在管道铺设工作继续开展的同时,应加大南水北调水量引入量的指标,以满足各乡(镇)的生活和第三产业的用水需求;在所有乡(镇)中,魏城镇的外调水源利用方向最为丰富,囊括了生活用水、第三产业、农业、工业和生态环境行业,原因为:①工业园区位于魏城镇,由南水北调水量供给,再生水补足;②接受南水北调水源的配套水厂设施位于魏城镇,使得魏城镇可优先完成水源置换工作。

3. 地下水供水结构

规划年魏县外调水供水在各乡(镇)的行业占比如图 5-14 所示。由图 5-14 可知,规划年魏县地下水的供水方向主要在生活用水、第三产业用水和农业用水上。其中,德政镇、东代固乡、双井镇、牙里镇和魏城镇的地下水供水全在生活用水和第三产业用水上,表征了这几个乡(镇)的农业行业的地表水置换工作完成度较高,地下水源已作为生活用水和第三产业用水的储备水源以及其他行业的应急水源;北台头乡、北皋镇、大马村乡、前大磨乡、泊口乡、大辛庄乡、棘针寨乡、仕望集乡和南双庙乡的地下水在农业上的用水率超过了 50%,结合农业需水量预测和魏县水资源系统网络概化,以上乡(镇)的农业需水量多,农业需水占比也较高,同时大多乡(镇)不是靠近引黄入邯、提卫工程的优先受水区,因此所分配的渠系式外调水量不足以补充当地农业需水,需由当地地下水进行补充。

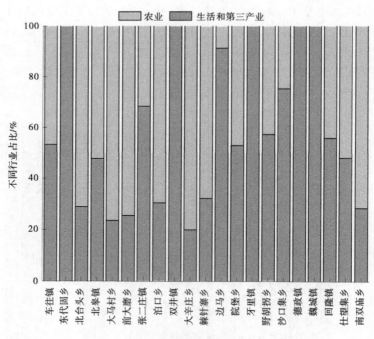

图 5-15　地下水用水结构

4. 非常规水供水结构

规划年魏县非常规水用水结构在各乡(镇)的行业占比如图 5-15 所示,其中车往镇、东代固乡、北皋镇、大马村乡、前大磨乡、大辛庄乡、棘针寨乡、院堡乡和仕望集乡规划年非常规水配置水量为 0。由图 5-15 可知,规划年魏县非常规水的供水方向主要集中在农业、生态环境和工业上。其中,魏城镇非常规水的利用方向囊括了农业、生态环境和工业,其余乡（镇）则仅为生态环境和农业。由于非常规水通常有其特殊性,如再生水利用是区域水资源重复利用的重要手段,并通常不计入区域用水总量控制红线,微咸水的利用可有效减少清洁地下水的开采,是保证区域地下水健康循环的重要措施,因此未来魏县的非常规水应着重提高非常规水的质量以加大供水的行业范围,并将非常规水源纳入区域主要规划供水水源。

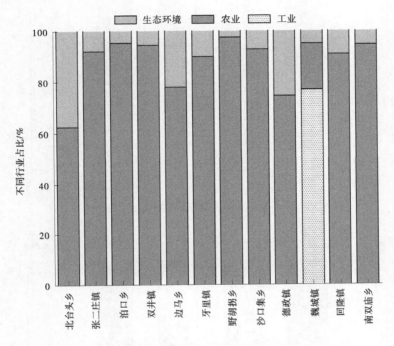

图 5-15 非常规水用水结构

5.5.1.2 用水水源结构

平水年、枯水年各情景下魏县配置结果各行业供水水源结构见图 5-16～图 5-19。在各水源中,外调水中南水北调水主要提供生活类用水和工业用水,不供给农业用水和生态用水,因此图中生活用水、第三产业用水和工业用水的外调水部分指南水北调水源,而引黄水、引民有渠水和提卫水主要供给农业,因此农业部分外调水指除南水北调水外剩余外调水源。非常规水中,由于再生水大部分是工业废水和生活废水再处理,较微咸水而言应用于工业更节省运输和开采成本,所以两种非常规水源供水方向有所不同,农业部分的非常规水主要指微咸水,剩余行业的非常规水主要指再生水。

根据行业供水水源类别,可将生活用水和第三产业用水合为一类,与其他产业用水和生态用水分别讨论。

1. 生活用水和第三产业用水

魏县的生活用水和第三产业用水主要由南水北调水和地下水组成。其中,在需水下限情况下,南水北调水占比超过 50%,需水上限情况下南水北调工程供水量占比下降,需由浅层地下水补足。未来,随着魏县南水北调管道线铺设范围不断扩大,会在魏县实现引江水全区域覆盖,生活用水和第三产业用水中南水北调水量占比会进一步增加。

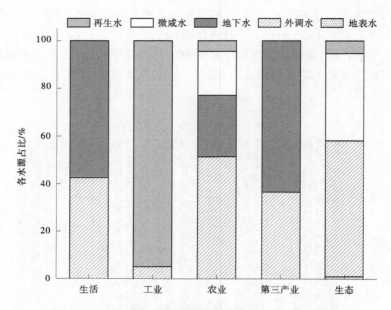

图 5-16　平水年魏县水资源配置各行业供水占比（下限）

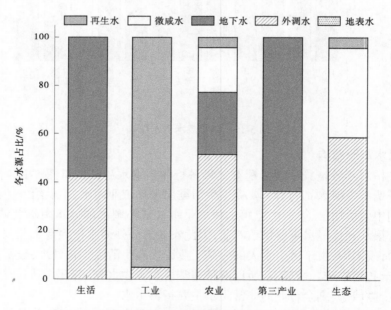

图 5-17　平水年魏县水资源配置各行业供水占比（上限）

2. 农业用水

农业用水是用水结构最为复杂的用水行业,囊括了地表水、浅层地下水、外调水(引黄与提卫)和非常规水(微咸水和再生水),且各水源占比较为接近,优于现状年地下水占农业用水比例 50%以上的水源占比结构。未来,随着魏县"全域水网"背景下渠系的不断修建,各地表水渠系可实现互相连通,引黄入邯水和提卫河水入魏县渠系后可惠及各乡

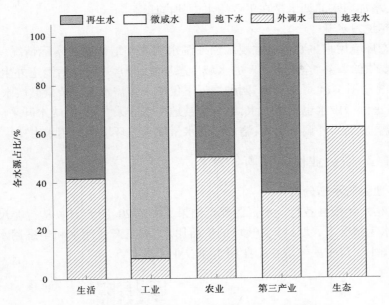

图 5-18　枯水年魏县水资源配置各行业供水占比(下限)

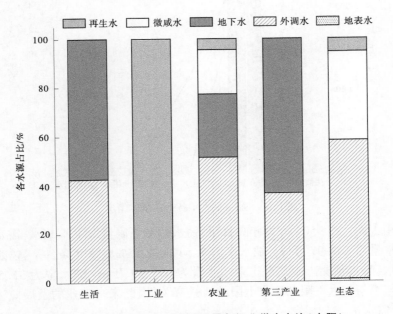

图 5-19　枯水年魏县水资源配置各行业供水占比(上限)

(镇)的灌区,农业用水中引黄水和提卫水占比将进一步扩大。

3. 工业用水

魏县工业用水主要由再生水和南水北调水构成。根据魏县相关发展规划,规划年魏县的工业搬入魏城镇工业园区,统一由南水北调水供给。而根据配置结果行业供水占比,规划年南水北调可供水量明显不足以供给魏县工业用水。因此,规划年魏县需增加南水北调引水量,增加南水北调水量在工业用水中的占比。

　　4. 生态环境用水量

　　魏县生态环境用水主要由非常规水和外调水构成。结合魏县实际情况,引黄入邯水和提卫水主要供给魏县"全域水网"的水域生态环境,非常规水供给河道外生态环境用水量。由图 5-13 和图 5-14 可以看出,四种情景下仅平水年需水下限情景微咸水未参与生态环境供水,考虑到微咸水也属地下水,结合魏县地下水压采背景,微咸水开采应尽量削减。因此,未来魏县应加大外调水引入,增加外调水量在生态环境中的用水占比。

5.5.2　乡(镇)及行业供需平衡分析

5.5.2.1　行业供需平衡分析

　　平水年、枯水年魏县各行业水资源配置结果见图 5-20、图 5-21。从行业尺度分析,在平水年和枯水年情况下,魏县各乡(镇)的生活用水、第三产业用水和生态用水均可满足。在需水下限用水缺口主要体现在工业用水和农业用水上。

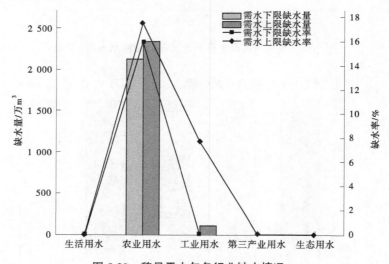

图 5-20　魏县平水年各行业缺水情况

　　就工业用水而言,在 50% 频率年条件下,需水预测下限情况下不缺水,需水预测上限情况工业缺水量为 103.97 万 m³,缺水率为 7.64%;在 75% 频率年条件下,需水预测下限情况下不缺水,需水预测上限情况工业缺水量为 632.39 万 m³,缺水率为 32.53%。工业用水的满足与否与需水下限和需水上限的情景有关,因此未来工业的发展应注重节水方向,降低工业需水量。

　　就农业用水而言,在 50% 频率年条件下,需水预测下限情况下缺水量为 2 120.78 万 m³,缺水率为 16%,需水预测上限情况下农业缺水量为 2 330.21 万 m³,缺水率为 17.52%;在 75% 频率年条件下,需水预测下限情况下缺水量为 5 759.48 万 m³,缺水率为 31.68%,需水预测上限情况下农业缺水量为 6 370.56 万 m³,缺水率为 35.04%。无论何种情景,农业均出现不同程度的缺水问题,缺水量和缺水率的大小主要与平枯年份有关,因此未来魏县应做好应对枯水年的农业干旱问题的准备。

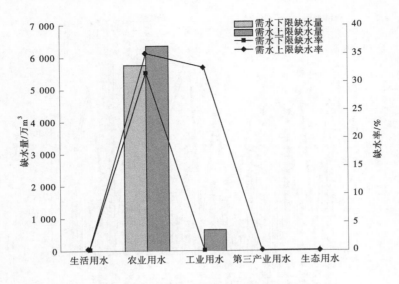

图 5-21　魏县枯水年各行业缺水情况

5.5.2.2　乡(镇)供需平衡分析

平水年、枯水年魏县各乡(镇)水资源配置结果见图 5-22、图 5-23。从乡(镇)尺度分析,由图 5-22、图 5-23 可以看出,在 50%保证率和 75%保证率条件下,4 种需水预测情形中,50%保证率下需水下限和需水上限情景,以及 75%保证率的需水下限情景下,无论是从缺水量还是缺水率方面考虑,边马乡均为最缺水的乡(镇);在 75%保证率的需水上限情景下,魏城镇为缺水量和缺水率最高的乡(镇)。

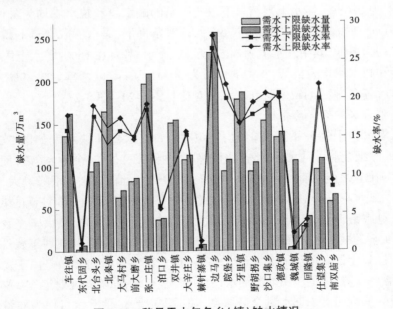

图 5-22　魏县平水年各乡(镇)缺水情况

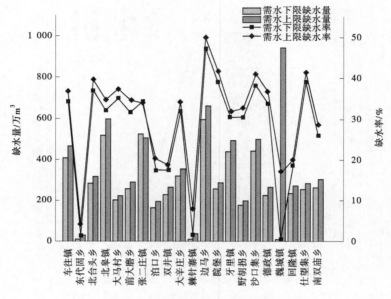

图 5-23　魏县枯水年各乡(镇)缺水情况

50%频率需水预测下限情况下,边马乡缺水量为 233.30 万 m³,缺水率为 26.53%;50%频率需水预测上限情况下,边马乡缺水量为 257.13 万 m³,缺水率为 28.23%;75%频率条件下需水预测下限情况下,边马乡缺水量为 593.18 万 m³,缺水率为 47.30%;75%频率条件下需水预测上限情况下,魏城镇缺水量为 658.32 万 m³,缺水率为 50.56%。

在 50%保证率条件下,需水下限情景下东代固乡缺水量最少,为 1.69 万 m³,魏城镇缺水率最低,为 0.08%;需水上限情景下东代固乡的缺水量和缺水率均为最低,其中缺水量为 7.17 万 m³,缺水率为 1.03%;在 75%保证率条件下,需水下限情景下魏城镇的缺水量和缺水率均为最低,其中缺水量为 6.57 万 m³,缺水率为 0.15%;需水上限情景下东代固乡缺水量和缺水率均为最低,其中缺水量为 30.41 万 m³,缺水率为 3.89%。

配置前后各乡(镇)的缺水量和缺水率对比见图 5-24~图 5-27。

1. 平水年需水下限情景分析

平水年需水下限情景下配置前后各乡(镇)的缺水量和缺水率如图 5-24 所示。由图 5-24 可知,除配置前可供水量能满足用水需求的乡(镇)外,其余各乡(镇)配置后的缺水量和缺水率较配置之前均有所下降,其中边马乡的缺水量和缺水率下降最大,缺水量下降 106.56 万 m³,缺水率下降 12.12%,其余乡(镇)中,德政镇、北皋镇和车往镇的缺水量下降超过 50 万 m³;德政镇、仕望集乡、北皋镇、前大磨乡、院堡乡、大马村乡、大辛庄乡、边马乡、车往镇和北台头乡的缺水率下降超过 5%。结合魏县现状渠系分布和规划年魏县水资源系统配置网络概化,以上配置前后缺水量和缺水率下降较高的乡(镇)多数是由于现状渠道铺设没有全部覆盖,一些地区的农田灌溉用水还在使用地下水,而随着规划年渠系修建工作的完善,未来魏县可实现引黄入邯水量全区域乡(镇)覆盖受水,地下水可作为储备水源补足其他行业,因此这些乡(镇)配置前后的缺水量和缺水率均有明显幅度下降。

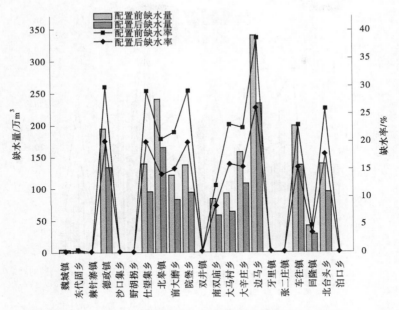

图 5-24　平水年配置前后各乡(镇)缺水程度对比(下限)

2. 平水年需水上限情景分析

将平水年需水上限情景下配置前后各乡(镇)的缺水量和缺水率展示如图 5-25 所示。由图 5-25 可知,各乡(镇)的缺水量和缺水率在配置后都得到一定的缓解,其中北皋镇、牙里镇、张二庄镇和边马乡的缺水量下降超过 100 万 m³,边马乡缺水量下降最大,达 146.02 万 m³,德政镇、野胡拐乡、沙口集乡、仕望集乡、院堡乡、双井镇、边马乡和北台头乡缺水率下降超过 10%,缺水率下降最多的是野胡拐乡,达 19.30%。图 5-25 与图 5-24 相比,缺水量和缺水率普遍比需水下限情景高,符合"需水下限情景为节水情景,需水上限情景为一般情景"的设置。在各乡(镇)中,与需水下限情景相比最明显的差距体现在魏城镇上,由于工业园区的存在和城镇人口的增加,需水上限情景下魏城镇的配置前后缺水量均远远大于需水下限情景,因此未来魏城镇的主要节水方向体现在工业节水和生活节水上,力求达到各行业高效节水的需水下限情景。

3. 枯水年需水下限情景

将枯水年需水下限情景下配置前后各乡(镇)的缺水量和缺水率展示如图 5-26 所示。由图 5-26 可知,各乡(镇)的缺水量和缺水率在配置后都得到一定的缓解,其中沙口集乡、北皋镇、边马乡、牙里镇、张二庄镇和车往镇的缺水量下降超过 100 万 m³,北皋镇缺水量下降最大,达 184.25 万 m³,德政镇、沙口集乡、野胡拐乡、仕望集乡、北皋镇、前大磨乡、院堡乡、边马乡、车往镇和北台头乡的缺水率下降超过 10%,院堡乡缺水率下降最大,达 13.63%。在此情景中,各乡(镇)的缺水量和缺水率的大小顺序与平水年需水下限情景类似,但其数值进一步扩大。

与图 5-24 对比,由于平枯年份情景的设定主要体现在农业需水的增加和地表水、民有渠引水量的减少上,民有渠引水量基本用于农业,因此较平水年需水下限情景而言,枯水年

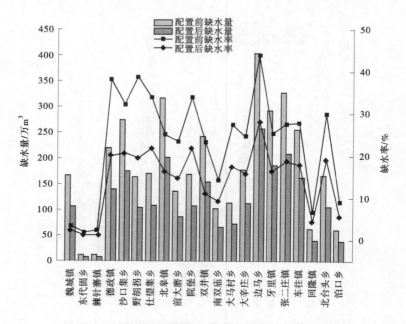

图 5-25　平水年配置前后各乡(镇)缺水程度对比(上限)

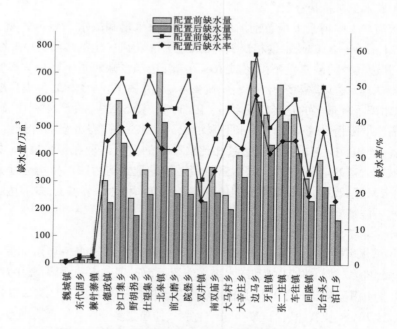

图 5-26　枯水年配置前后各乡(镇)缺水程度对比(下限)

需水下限情景缺水量和缺水率的增加主要体现在农业需水占比较高的乡(镇)上,如沙口集乡、北皋镇、牙里镇和张二庄镇等。

4.枯水年需水上限情景

将枯水年需水上限情景下配置前后各乡(镇)的缺水量和缺水率展示如图 5-27 所示。

由图 5-27 可知,各乡(镇)的缺水情况均得到一定缓解。魏城镇、沙口集乡、北皋镇、南双庙乡、大辛庄乡、边马乡、牙里镇、张二庄镇、车往镇和北台头乡的缺水量配置前后下降超过 100 万 m³,其中魏城镇缺水量下降最高,达 314.67 万 m³;除魏城镇、东代固乡、棘针寨镇、双井镇、南双庙乡、张二庄镇、回隆镇和泊口乡外,其余乡(镇)的缺水率下降均超过 10%,其中院堡乡缺水率下降最高,达 14.39%。此情景与平水年需水上限情景类似,但缺水量和缺水率的数值进一步扩大,在四个设置的情境中,枯水年需水下限情景各乡镇的缺水量和缺水率均为最高,说明了配置结果的合理性。

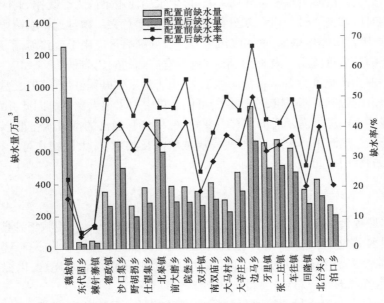

图 5-27　枯水年配置前后各乡(镇)缺水程度对比(上限)

综合上述乡(镇)供需平衡分析与对比,本次水资源优化配置效果明显,各缺水乡(镇)的缺水现象都有所缓解。

5.6　对策与建议

根据配置结果、水源结构分析、行业和各乡(镇)的水资源供需平衡分析,并结合魏县水资源开发利用现状分析,提出魏县未来水资源管理的合理性建议如下。

5.6.1　完善外调水渠系、供水管道布局

魏县的地表水渠系调配是保障农业用水的重要手段。由于魏县需推进超采区治理,关停机电井等地下水工程,因此规划年引黄入邯水和提卫河水将成为供给当地农业的主要水源。而根据 5.5 节相关分析可知,规划年枯水年情景下,渠系铺设不完善的部分乡(镇)的缺水量和缺水率较平水年情景大幅提高;规划年需水上限情景下,部分乡(镇)的缺水量和缺水率较需水下限情景大幅提高。因此,若要缓解以上问题,规划年魏县应进一步完善外调水

的渠系、供水管道的布局,实现全区域覆盖,届时魏县将通过全区域的渠系调配,使引黄入邯水和提卫河水供给各乡(镇),同时通过以魏县水厂为主的各水厂管道运输工程,使南水北调水源惠及所有乡(镇)。

5.6.2　加强非常规水源的开发利用

与跨区域调水相比,再生水具有一定的优势。从经济的角度看,再生水的成本较调水工程而言可能更低;从可持续发展的角度看,废污水的再生利用有助于改善区域或流域生态环境,实现水生态的良性循环;从政策规划来看,再生水的使用不计入红线控制,因此加强再生水的开发利用对区域遵守最严格水资源管理制度有重要意义。魏县近年城镇化速度不断加快,生活和生产废污水逐年增加,这些废污水经一次处理后可应用于道路喷洒、湿地生态,经二次处理水质提升后可应用于农业、工业,在魏县有广阔的应用前景。

微咸水一般指矿化度为 2~3 g/L 的地下水,由于地下水开采红线的约束,魏县的微咸水开采量受到一定的限制,但其依旧在魏县的可供水量中占了很大比例。因此,微咸水的合理应用对缓解魏县水资源供需矛盾仍具有重要意义。目前,魏县的微咸水主要以咸淡水混用的形式应用于农业灌溉中。未来,可加快发展咸水淡化技术,扩大微咸水可供行业范围,充分发挥微咸水的利用空间。

5.6.3　强化节水措施,建立节水型社会

建设节水型社会是保证区域经济社会可持续发展的基本方针。现状年魏县的农业节水方面高于全国水平,但万元 GDP 用水量指标远低于河北省和全国水平,说明魏县整体用水效率偏低,整体经济架构亟待调整。因此,要严守最严格水资源管理制度,以提高用水效率为核心,实现水资源的宏观总量控制和微观定额管理相结合。

在供水方面,以减少水量运输过程的漏损(管网漏损、渠系蒸发渗漏)为主。生活用水方面,加大节水宣传力度,积极推广节水型器具,重视循环用水;工业上,推动重点行业节水新技术、新工艺应用,推动节水工业的发展,尽快完成工业园区搬迁安置工作,使工业园区用水统一化管理;农业上,尽早实现高标准管灌和喷灌等节水灌溉方式全区域覆盖,完善农业取水计量设施,促进区域农业种植结构优化;工程措施主要考虑进行渠道节水改造,非工程措施考虑调整作物种植结构。总之,应将节约用水贯穿于经济社会和生产生活过程中,形成有利于水资源节约的经济结构、生产方式和消费模式,与此同时,还应加大节水宣传,增强公众节水意识,塑造全民节水的良好氛围。

第6章　山丘区工业型县域的水资源优化配置案例研究——邯郸市武安

6.1　研究区域概况

6.1.1　地理位置

武安市位于河北省南部,邯郸城区西及西北部的太行山东麓,地理坐标为东经113°44′54″~144°22′38″、北纬 36°28′30″~37°01′15″。区域属暖温带半湿润半干旱大陆性季风气候,春旱多风沙,夏季炎热多雨,秋季天高气爽,冬季寒冷干燥。多年平均气温12.7 ℃,历年平均日照时数为 1 928.7 h,日照率为 44.0%,无霜期在 200~220 d。多年平均降水量为 572.0 mm,降水量时空分布不均,年际变化较大,全年降水的 70%~80%集中在汛期 6—9 月。

武安市西北部与山西省左权县交接,北部同邢台市相邻,东部和邯郸市永年区接壤,南部与磁县、峰峰矿区毗连,西部与涉县为邻。全市总面积 1 806 km²,辖 22 个乡(镇)502个行政村。武安境内矿产资源丰富,尤以煤、铁矿著称。

6.1.2　地形地貌

武安市高程如图 6-1 所示。武安市处于太行山东麓与华北平原交界地区,属山区城市。其境内地貌类型可分为山区(29.7%)、低山丘陵区(45%)及盆地(25.3%),分布情况为外部四周山区围绕,中部低山丘陵区,内部为盆地,地势整体为西北高东南低,西北部的青崖寨为武安最高峰,海拔 1 898.7 m。

6.1.3　水文气象

武安属温带大陆性季风气候,多年平均降水量 560 mm。年日照时数平均 2 297 h,年平均气温 11~13.5 ℃,年平均风速 2.6 m/s,年平均无霜期 196 d。

6.1.4　河流水系

武安市范围内有子牙河水系和漳卫南运河水系。其中,子牙河水系在武安市范围内主要包括南洺河、北洺河、马会河、淤泥河和牤牛河,流域面积 1 779 km²,占全市总面积的98.5%,其中南洺河流域面积 1 216.9 km²,从荒庄村开始流经 11 个乡(镇)抵达永和村,河流长度 95 km;北洺河流域面积 513.5 km²,从秋树坪村开始流经 6 个乡(镇)抵达永和村,河流长度 62.3 km;南洺河与北洺河于永和村汇合后统称为洺河,在武安市境内流域面积 64.1 km²,河流长度 12.5 km;马会河流域面积 186.5 km²,从沙河市峡沟开始流经 4

图 6-1　武安市高程

个乡(镇)抵达南峭河,河流长度 45.2 km。漳卫南河水系在武安市范围内主要包括漳河流域在武安的支沟,流域面积 3 620 km²,占全市总面积的 30.0%;黑龙港水系在武安市范围内面积为 27 km²,占全市总面积的 1.5%。该市河流均为季节性河流,除南、北洺河上游有基流外,其他河流在枯水年全年及丰水年非汛期的大部分时间内河流干涸。武安市河流基本概况统计见表 6-1,河流水系见图 6-2。

表 6-1　武安市河流基本概况统计

河流	面积/km²	起止地点		河流长度/
		起点	止点	km
南洺河	1 216.9	荒庄	永和	95
北洺河	513.5	秋树坪	永和	62.3
洺河	64.1	永和	市界	12.5
马会河	186.5	沙河市峡沟	南峭河	45.2

6.1.5　经济社会

根据《武安市国民经济统计资料》,2018 年底,全市总面积 1 806 km²,辖 22 个乡(镇)502 个行政村,总人口 84.58 万。在总人口中,城镇人口 31.93 万,乡村人口 52.65 万,总耕地面积为 72.8 万亩,其中有效灌溉面积 51.7 万亩,占总耕地面积的 76.5%。

近年来,武安市经济发展迅速,截至 2018 年底,全县生产总值全年生产总值完成675.6 亿元,按可比价比上年增长 6.5%,其中第一产业增加值 25.8 亿元,增长 0.1%,总

图 6-2　武安市河流水系

的变化不大;第二产业增加值 395.1 亿元,增长 3.9%,在"蓝天保卫战"的背景下,武安市正在逐渐完成产业高质量转型,化解钢铁、煤炭等传统过剩产能,新兴工业如水泥、汽车泵等发展迅速,传统铁矿产业占比明显下降;第三产业增加值 254.7 元,增长 11.2%。人均生产总值 7.9 万元,增长 6%。三次产业结构为 3.8∶58.5∶37.7,第一产业比例上升 0.2 个百分点,第二产业下降 1.7 个百分点,第三产业提高 1.5 个百分点。武安市社会经济在近年的变化可概括为"三个转型":①产业转型:武安市以钢铁为支柱型产业的现状格局没有改变,但传统高耗能产业如铁矿石、水泥等占比下降明显,新兴工业和交通、邮电等产业占比明显上升;②城市转型:构建了纵横交错的交通格局,城市发展框架合理铺展,产业新区建造初具雏形,同时打造美丽乡村文化 ;③生态转型:由传统的大气污染治理逐步转向大气、水资源、土壤资源等综合治理。

6.2　水资源开发利用现状分析

6.2.1　供水量现状

2014—2018 年武安市供水概况如图 6-3 所示,由图 6-3 可知,2014—2017 年武安市供水量较为稳定,在 1 亿 m³ 以下,2018 年增长至 11 625 万 m³,体现了武安市在进一步开发水资源以维持当地的经济社会发展。地下水源是武安市的主要供水水源,但武安位处山区,地下水的供给范围有一定局限性,因此可以看出,地下水源的供给占比在逐年下降,由

2014 年的 75.30% 下降至 2018 年的 55.95%,地表水源工程则由 2014 年的 24.70% 相应增加至 2018 年的 44.05%。

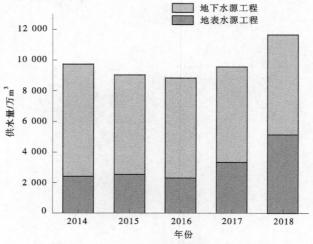

图 6-3　2014—2018 年武安市供水概况

6.2.2　用水量现状

2018 年武安市各行业用水情况见图 6-4。按水资源公报统计,武安市用水行业分为工业用水、城镇生活用水、农业灌溉用水、农村人畜用水和生态环境用水五部分。2018 年,武安市用水总量为 11 625 万 m^3;其中,工业用水占比最大,达 72.37%,体现了武安市作为山区工业城市,工业庞大的耗水量;城镇生活用水达 10.14%,占比较高,体现了武安市作为全国经济强县的城镇化进度;农业灌溉用水量 9.46%,武安市作为山区城市,较平原而言灌溉有诸多不便之处,因此区域多为旱作农业,农业耗水量较少;农村人畜用水量占比 7.51%;生态环境用水量为 0.52%,占比最低,在当今倡导绿色高质量发展的背景下,生态环境方面需相应加大用水量。

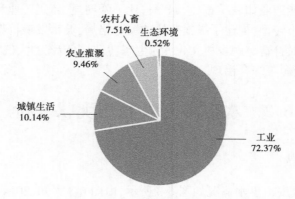

图 6-4　2018 年武安市各行业用水情况

6.2.3　用水效率

根据武安市、河北省和全国 2018 年统计年鉴和水资源公报的数据统计,得出 2018 年武安市、河北省和全国用水效率相关指标,并将三者进行对比。武安市现状年用水效率指标见表 6-2。根据表 6-2,2018 年武安市人均综合用水量为 137.44 m³/人,较河北省和全国水平而言相对较低,表明区域水资源相对匮乏,更体现了进行区域水资源优化配置研究的紧迫性;武安市万元 GDP 用水量为 58.12 m³/万元,略低于全国,但高于河北省,表明其区域经济正常发展的需水量仍然较高,有进一步节水空间;武安市万元工业增加值用水量为 22.07 m³/万元,低于全国水平,表明武安市工业节水水平相对全国较高,结合相关资料查询,武安市近年来大力推行建设资源节约企业,不断淘汰高耗能、高耗水的产业工具,推行提高用水效益和用水效率,但该指标高于河北省水平,表明区域工业发展仍有节水潜力可挖;城镇生活用水量、农村生活用水量均低于河北省和全国水平,考虑武安市的实际情况,区域人口数量的增加和有限的水资源呈现冲突性,亟须从"开源"和"节流"入手,缓解区域水资源供需矛盾。

表 6-2　武安市现状年用水效率指标

行政区域	人均综合用水量/(m³/人)	万元 GDP用水量/(m³/万元)	万元工业增加值用水量/(m³/万元)	城镇生活用水量/[L/(人·d)]	农村生活用水量/[L/(人·d)]
武安市	137.44	58.12	22.07	101.17	45.42
河北省	241.00	50.00	11.90	118.00	79.00
全国	432.00	66.80	41.30	225.00	89.00

6.3　规划年供需平衡分析

6.3.1　可供水量预测

可供水量预测是指在规划年不同保证率的情景下,综合考虑各种可供水水源,结合区域各行业需水量预测、当地水源供水配套设施的供水能力等预测的水量。根据武安市现状年的供水结构,结合武安市作为矿产工业城市的典型性,综合考虑《河北省节约用水条例》的实施,在供水水源的设置上,增加对再生水、矿排水等非常规水源的开发利用。在可供水量的计算上重点考虑邯郸市实行最严格水资源管理制度用水总量红线控制目标,其中地表水可供水量根据邯郸市最新水资源评价结果进行预测;浅层地下水可供水量控制在武安市地下水用水总量的红线指标内,根据《河北省地下水管理条例》中对地下水开采的严控规定,深层地下水的开采利用在规划年配置中不予考虑;再生水可供水量根据城镇生活用水量和工业用水量的污水回收利用进行预测,矿排水根据武安市地下非常规水许可量进行核算。在此,规划年仅设 2025 年为近期规划水平年,不设远期规划水平年。

6. 3. 1. 1　地表水可供水量

对于武安市来说,其地表水供给主要来自口上水库、车谷水库、大洺远水库、四里岩水库和其余山区小型水库。根据武安市地表水水资源评价成果,规划年地表水可供水量见表 6-3。可以看出,武安市地表水可供水量明显受平枯年份影响,枯水年份地表水量较平水年相差较大,2025 年平水年情况下武安市地表水可供水量为 10 693.60 万 m^3,枯水年情况下武安市地表可供水量为 6 573.93 万 m^3。

表 6-3　武安市地表水可供水量　　　　　　　　单位:万 m^3

水库	可供水量	
	$P=50\%$	$P=75\%$
口上水库	2 501.82	1 265.94
车谷水库	765.06	376.77
大洺远水库	2 777.19	1 498.20
四里岩水库	2 500.00	2 000.00
山区小型水库	2 149.53	1 433.02
合计	10 693.60	6 573.93

6. 3. 1. 2　地下水可供水量

地下水开采按取水深度分浅层地下水和深层地下水,当前河北省已明令限制深层地下水开采,故规划年武安市地下水供水主要以浅层地下水为主,根据武安市现有机电井工程及可开采量评价结果,2025 年武安市地下水可供水量为 10 701 万 m^3。

6. 3. 1. 3　再生水可供水量

再生水是指收集生活、工业等排放污水,经过一系列污水处理后将污水再生处理为可用作除生活外其他行业的用水。当前,武安市共有污水处理厂 4 座,分别为武安市水处理有限公司、武安市伯延镇污水处理站、武安市磁山镇污水处理厂和武安市阳邑镇污水处理厂,其中武安市水处理有限公司设计处理能力 7.1 万 t/d,武安市伯延镇污水处理站设计处理能力为 0.006 t/d,污水处理厂的建设极大地改善了城市水环境,对治理污染、保护当地流域水质和生态平衡具有十分重要的作用。

武安市再生水水源设定为城镇生活用水排放污水和工业排放污水,借助《邯郸市市级再生水评价》和武安市实际情况,由《生活源产排污系数及使用说明》(修订版 201101)确定生活用水折污系数为 0.9,因此本书将生活污水中折污系数、污水收集系数、再生水折算系数依次设定为 0.8、0.9、0.9;工业用水中折污系数 0.2,再乘以污水收集系数 0.95,所得值乘以再生水折算系数 0.9,即为工业用水量对应的再生水可供水量。计算可得,2025 年武安市再生水可供水量为 3 141.99 万 m^3。

6. 3. 1. 4　矿排水可供水量

武安市有丰富的煤矿、铁矿资源,在矿产资源的开发利用中,伴随有大量的矿井疏干水。本书以现状年武安市颁布企业非常规水许可水量定为规划年矿排水量,其水量为

843.04 万 m³,同时按照颁发取水许可企业地址所在乡(镇)定为矿排水量供水范围。

6.3.1.5　可供水量预测

综上,武安市规划年不同保证率下可供水量的预测结果见表 6-4。

表 6-4　规划年武安市可供水量汇总　　　　　单位:万 m³

供水水源		可供水量	
		$P=50\%$	$P=75\%$
地表水	口上水库	2 501.82	1 265.94
	车谷水库	765.06	376.77
	大洺远水库	2 777.19	1 498.20
	四里岩水库	2 500.00	2 000.00
	山区小型水库	2 149.53	1 433.02
地下水	浅层地下水	10 701.00	10 701.00
非常规水	再生水	3 141.99	3 141.99
	矿排水	843.04	843.04
合计		25 379.63	21 259.95

6.3.2　需水量预测

区域需水量预测是水资源优化配置研究的基础,其精度直接影响配置结果的准确性。在诸多需水量预测方法中,定额法具有操作简单、实际操作性强、易于统一规划管理的优点,且作为行政部门用以水资源规划的主要技术手段而被广泛应用。借鉴《武安市水资源公报》统计划分,本次需水量预测分为生活需水量预测、工业需水量预测、农业需水量预测和生态环境需水量预测。

6.3.2.1　生活需水量预测

生活需水包括城镇居民生活用水、农村居民生活用水。首先按城镇、农村划分预测人口,继而根据《河北省用水定额》(DB13/T 5450.1—2021)相应城镇、农村居民用水定额计算,计算如下:

$$W_{生活} = 0.365 \sum_{i=1}^{2} N_i \cdot q_i \tag{6-1}$$

式中:$W_{生活}$为生活需水量,万 m³;N_i为人口数量,万;q_i为生活需水定额,L/(人·d);i为序号,1 代表城镇居民,2 代表农村居民。

本书以 2014—2018 年的各乡(镇)人口统计数据为基础,借助 SPSSAU 软件,采用适用于线性趋势型时间序列的二次指数平滑法分别对武安市 2025 年城镇、农村人口进行预测,预测结果见表 6-5;然后根据《河北省行业用水定额》(2021 年),将武安市农村生活用水定额确定为 55 L/(人·d),武安市城镇生活用水定额确定为 115 L/(人·d)。通过咨询相关专家,将城市管网漏失率按 12%计。武安市 2025 年生活需水量预测成果见表 6-5。

表 6-5　武安市 2025 年各乡(镇)生活需水量预测成果

行政分区	城镇人口	城镇生活需水	农村人口	农村生活需水	生活需水总量
武安镇	114 593	546.59			546.59
管陶乡			21 565	50.93	50.93
康二庄镇	20 173	96.22	16 389	38.71	134.93
淑村镇	5 562	26.53	22 414	52.94	79.47
伯延镇	10 429	49.74	12 482	29.48	79.22
大同镇	13 101	62.49	36 601	86.44	148.94
午汲镇	23 489	112.04	23 359	55.17	167.21
西土山乡	28 299	134.98	29 968	70.78	205.76
团城乡	25 203	120.21	12 513	29.55	149.76
石洞乡			26 013	61.44	61.44
徘徊镇	7 849	37.44	23 598	55.73	93.17
安庄乡	6 843	32.64	12 173	28.75	61.39
阳邑镇	29 283	139.68	21 694	51.23	190.91
磁山镇	13 601	64.88	17 064	40.30	105.18
矿山镇	2 821	13.45	45 808	108.19	121.64
邑城镇	8 770	41.83	37 635	88.89	130.72
贺进镇	8 007	38.19	21 530	50.85	89.04
冶陶镇	5 576	26.60	20 530	48.49	75.08
寺庄乡			46 916	110.81	110.81
活水乡			28 283	66.80	66.80
马家庄乡			21 954	51.85	51.85
北安乐乡			35 212	83.16	83.16
合计	323 599	1 543.53	533 701	1 260.48	2 804.01

6.3.2.2　农业需水量预测

武安市农业分种植业和养殖业。

1. 种植业需水量预测

根据《2018 年武安市国民经济发展统计公报》,武安市主要的农作物为小麦、玉米等。结合武安市社会经济情况可知,采用定额法预测规划年农业灌溉需水量,根据《河北省行业用水定额》(2021 年),得到平水年各作物的基本用水定额,选定冬小麦平水年下灌溉定额为 159 m^3/亩,枯水年下灌溉定额为 222 m^3/亩,夏玉米平水年下灌溉定额为 56 m^3/亩,枯水年灌溉定额为 111 m^3/亩,取灌溉规模调节系数为 1.13、水源调节系数为 1.03、灌溉形式调节系数为 0.88,农业灌溉需水量计算公式见式(6-2),得到规划年武安市农业灌溉需水总量为 11 683.29 万 m³,2025 年武安市农业需水见表 6-6。

$$W_{农业灌溉} = M \cdot p / \varepsilon \tag{6-2}$$

式中: $W_{农业灌溉}$ 为农业灌溉需水量,万 m³; p 为各农作物的用水定额; ε 为灌溉水利用系数。

$$p = p' \cdot t \cdot s \cdot g \tag{6-3}$$

式中: p' 为基本用水定额; t 为灌溉规模调节系数; s 为水源调节系数; g 为灌溉形式调节系数。

表 6-6 2025 年武安市各乡(镇)农业灌溉用水量　　　　单位:万 m³

行政区域	平水年	枯水年
武安镇	157.78	271.33
康二城镇	278.43	478.82
午汲镇	501.18	861.88
磁山镇	250.59	430.94
团城乡	306.27	526.71
伯延镇	287.71	494.78
安庄乡	232.03	399.02
淑村镇	296.99	510.75
大同镇	501.18	861.88
安乐乡	287.71	494.78
邑城镇	529.02	909.76
矿山镇	296.99	510.75
土山乡	436.21	750.16
寺庄乡	222.75	383.06
贺进镇	157.78	271.33
活水乡	129.93	223.45
阳邑镇	556.86	957.65
石洞乡	371.24	638.43
管陶乡	148.50	255.37
徘徊镇	399.08	686.31
冶陶镇	194.90	335.18
马庄乡	250.59	430.94
合计	6 793.73	11 683.29

2. 畜牧业需水预测

根据《2018 年武安市国民经济发展统计公报》,武安市的畜牧主要为猪、羊。根据近几年各畜牧种类的增长率预测,到 2025 年畜牧的下降率为 5%。基于 2018 年每种畜牧的数量预计规划年的畜牧数量,根据《河北省行业用水定额》(2021 年),生猪的用水定额为 6.2 m³/头,羊的用水定额为 3.65 m³/头,采用定额法计算得到武安市 2025 年畜牧需水总量为 871.86 万 m³,规划年各乡(镇)畜牧需水量见表 6-7。

表 6-7　2025 武安市各乡(镇)畜牧需水量

行政分区	2025 年生猪/万头	需水量/万 m³	2025 年羊/万只	需水量/万 m³	总需水量/万 m³
武安镇	18.72	116.08	1.07	3.92	120.00
康二城镇	1.82	11.30	0.10	0.38	11.68
午汲镇	7.62	47.25	0.44	1.60	48.85
磁山镇	4.97	30.82	0.29	1.04	31.86
团城乡	6.13	38.01	0.35	1.28	39.29
伯延镇	3.81	23.63	0.22	0.80	24.42
安庄乡	3.15	19.52	0.18	0.66	20.18
淑村镇	4.64	28.76	0.27	0.97	29.73
大同镇	8.12	50.34	0.47	1.70	52.04
安乐乡	5.80	35.95	0.33	1.21	37.17
邑城镇	7.62	47.25	0.44	1.60	48.85
矿山镇	7.95	49.31	0.46	1.66	50.97
土山乡	9.44	58.55	0.54	1.98	60.53
寺庄乡	7.62	47.25	0.44	1.60	48.85
贺进镇	4.80	29.79	0.28	1.01	30.80
活水乡	4.64	28.76	0.27	0.97	29.73
阳邑镇	8.28	51.36	0.48	1.73	53.10
石洞乡	4.31	26.71	0.25	0.90	27.61
管陶乡	3.48	21.57	0.20	0.73	22.30
徘徊镇	5.14	31.85	0.29	1.07	32.92
冶陶镇	4.31	26.71	0.25	0.90	27.61
马庄乡	3.65	22.60	0.21	0.76	23.36
合计	136.03	843.39	7.80	28.47	871.86

综上,规划年武安市农业需水量为 12 555.15 万 m^3,各乡(镇)农业需水量汇总见表 6-8。

表6-8　各乡(镇)农业需水量汇总　　　　　　　　　单位:万 m^3

行政分区	畜牧业	农田灌溉		农业需水	农业需水
		$P=50\%$	$P=75\%$	$P=50\%$	$P=75\%$
武安镇	120.00	157.78	271.33	277.78	391.33
康二城镇	11.68	278.43	478.82	290.11	490.50
午汲镇	48.85	501.18	861.88	550.03	910.73
磁山镇	31.86	250.59	430.94	282.45	462.80
团城乡	39.29	306.27	526.71	345.57	566.00
伯延镇	24.42	287.71	494.78	312.14	519.21
安庄乡	20.18	232.03	399.02	252.20	419.20
淑村镇	29.73	296.99	510.75	326.73	540.48
大同镇	52.04	501.18	861.88	553.21	913.92
安乐乡	37.17	287.71	494.78	324.88	531.95
邑城镇	48.85	529.02	909.76	577.87	958.61
矿山镇	50.97	296.99	510.75	347.97	561.72
土山乡	60.53	436.21	750.16	496.74	810.69
寺庄乡	48.85	222.75	383.06	271.59	431.91
贺进镇	30.80	157.78	271.33	188.57	302.13
活水乡	29.73	129.93	223.45	159.67	253.19
阳邑镇	53.10	556.86	957.65	609.96	1 010.74
石洞乡	27.61	371.24	638.43	398.85	666.04
管陶乡	22.30	148.50	255.37	170.80	277.67
徘徊镇	32.92	399.08	686.31	432.01	719.23
冶陶镇	27.61	194.90	335.18	222.51	362.79
马庄乡	23.36	250.59	430.94	273.95	454.30
合计	871.86	6 794.23	11 683.29	7 666.08	12 555.15

6.3.2.3　工业需水量预测

武安市是一座以工业为主的城市,主要以钢铁产业为主,在近年高质量发展、"蓝天保卫战"等政策背景下,区域正在进行产业结构调整,因此规划年不再考虑工业需水量增长,依据现状年武安市颁发取水许可证中许可水量汇总得到规划年武安市各乡(镇)需水量见表 6-9。

表 6-9　各乡(镇)工业需水量汇总　　　　　　　单位:万 m³

行政分区	工业需水量
武安镇	3 292.25
康二城镇	59.13
午汲镇	554.00
磁山镇	1 573.97
团城乡	1 700.37
安庄乡	1 993.99
淑村镇	89.70
大同镇	7.54
安乐乡	10.30
邑城镇	0.13
矿山镇	549.50
土山乡	481.69
寺庄乡	76.00
贺进镇	1.00
活水乡	1.53
阳邑镇	1 495.43
石洞乡	306.09
冶陶镇	332.45
合计	12 525.07

6.3.2.4　生态需水量预测

生态需水量的预测,因资料有限,采用城镇、农村居民人均占有生态用水定额来预测,根据现状年区域生态用水量,考虑随着城市发展,绿化面积提高,生态文明建设加强,预计 2025 年武安市城镇、农村居民人均生态用水定额分别增加到 7.0 m³/人与 3.5 m³/人,规划年武安市各乡(镇)生态需水量见表 6-10。

6.3.2.5　需水量汇总

综合上述各行业需水量预测,规划年武安市需水量见表 6-11。2025 年平水年情况下,武安市总需水量为 23 407.97 万 m³,在枯水年情况下,武安市总需水量为 28 297.54 万 m³。

表6-10 各乡(镇)生态需水量　　　　单位:万 m³

行政分区	城镇生态需水	农村生态需水	总生态需水
武安镇	80.21	0	80.21
管陶乡	0	7.55	7.55
康二庄镇	14.12	5.74	19.86
淑村镇	3.89	7.84	11.74
伯延镇	7.30	4.37	11.67
大同镇	9.17	12.81	21.98
午汲镇	16.44	8.18	24.62
西土山乡	19.81	10.49	30.30
团城乡	17.64	4.38	22.02
石洞乡	0	9.10	9.10
徘徊镇	5.49	8.26	13.75
安庄乡	4.79	4.26	9.05
阳邑镇	20.50	7.59	28.09
磁山镇	9.52	5.97	15.49
矿山镇	1.97	16.03	18.01
邑城镇	6.14	13.17	19.31
贺进镇	5.61	7.54	13.14
冶陶镇	3.90	7.19	11.09
寺庄乡	0	16.42	16.42
活水乡	0	9.90	9.90
马家庄乡	0	7.68	7.68
北安乐乡	0	12.32	12.32
合计	226.52	186.80	413.31

6.3.3 供需平衡分析

对规划年不同保证率年份进行需水量预测和可供水量预测后,需对研究区域进行初步供需平衡分析,以客观反映区域水资源的供需状况。

根据《武安市水资源公报》,依据现状年各乡(镇)用水量情况以及相关水源可供水乡(镇)情景,将规划年武安市可供水量分配至各乡(镇),并以此对比分析,对比结果见图6-5、图6-6。

表 6-11　各乡(镇)需水量　　　　　　　　单位:万 m³

行政分区	生活	工业	农业		生态	需水总量	
			$P=50\%$	$P=75\%$		$P=50\%$	$P=75\%$
武安镇	546.59	3 292.25	277.78	391.33	80.21	4 196.84	4 310.39
安乐乡	83.16	10.30	324.88	531.95	12.32	430.67	637.74
安庄乡	61.39	1 993.99	252.20	419.20	9.05	2 316.63	2 483.63
伯延镇	79.22	0	312.14	519.21	11.67	403.03	610.10
磁山镇	105.18	1 573.97	282.45	462.80	15.49	1 977.09	2 157.44
大同镇	148.94	7.54	553.21	913.92	21.98	731.67	1 092.37
管陶乡	50.93	0	170.80	277.67	7.55	229.28	336.15
贺进镇	89.04	1.00	188.57	302.13	13.14	291.76	405.31
活水乡	66.80	1.53	159.67	253.19	9.90	237.89	331.41
康二城镇	134.93	59.13	290.11	490.50	19.86	504.03	704.42
矿山镇	121.64	549.50	347.97	561.72	18.01	1 037.12	1 250.87
马庄乡	51.85	0	273.95	454.30	7.68	333.49	513.84
徘徊镇	93.17	0	432.01	719.23	13.75	538.93	826.16
石洞乡	61.44	306.09	398.85	666.04	9.10	775.48	1 042.67
淑村镇	79.47	89.70	326.73	540.48	11.74	507.64	721.39
寺庄乡	110.81	76.00	271.59	431.91	16.42	474.82	635.13
土山乡	205.76	481.69	496.74	810.69	30.30	1 214.49	1 528.44
团城乡	149.76	1 700.37	345.57	566.00	22.02	2 217.72	2 438.15
午汲镇	167.21	554.00	550.03	910.73	24.62	1 295.85	1 656.56
阳邑镇	190.91	1 495.43	609.96	1 010.74	28.09	2 324.39	2 725.18
冶陶镇	75.08	332.45	222.51	362.79	11.09	641.13	781.41
邑城镇	130.72	0.13	577.87	958.61	19.31	728.03	1 108.77
合计	2 804.01	12 525.07	7 665.58	12 555.15	413.31	23 407.97	28 297.54

　　由图 6-5 和图 6-6 可以看出,规划年平水年情况下,有余水情况的乡(镇)为武安镇、安乐乡、伯延镇、磁山镇、大同镇、贺进镇、活水乡、康二城镇、矿山镇、徘徊镇、淑村镇、寺庄乡、土山乡、午汲镇、阳邑镇和邑城镇,其中寺庄乡余水量最多,为 1 153.84 万 m³,其次是武安镇,余水量为 759.01 万 m³;安庄乡、马庄乡、石洞乡、团城乡和冶陶镇有缺水现象,其中安庄乡缺水量最高,为 1 733.72 万 m³,缺水率为 74.84%;规划年枯水年情况下,余水乡(镇)有安乐乡、大同镇、贺进镇、活水乡、寺庄乡和土山乡,其中余水量最多的是安乐乡,余水量为 187.05 万 m³;有缺水现象的乡(镇)有武安镇、安庄乡、伯延镇、磁山镇、管陶乡、康二城镇、矿山镇、马庄乡、徘徊镇、石洞乡、淑村镇、团城乡、午汲镇、阳邑镇、冶陶镇和邑城镇,其中缺水量最高的乡(镇)是团城乡,缺水量为 1 388.41 万 m³,缺水率为 56.95%。

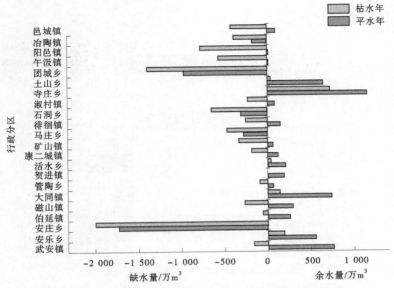

图 6-5　规划年武安市各乡(镇)水资源供需平衡分析

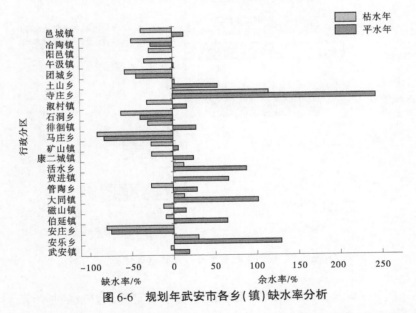

图 6-6　规划年武安市各乡(镇)缺水率分析

本次乡(镇)尺度供需平衡分析是基于可供水总量再分配而得出的,目的是初步评价武安市的水资源供需状况,未考虑水源对特定行业的供给问题。在本次分析中,平水年情况下武安市的可供水量大致上可满足用水需求,但枯水年有明显的用水缺口,亟须对区域开展水资源优化配置研究以降低区域缺水率。

根据《武安市水资源公报》,依据现状年各行业用水量情况以及相关水源可供水乡(镇)情景,将规划年武安市可供水量分配至行业,并以此对比分析,对比结果见图 6-7、图 6-8。

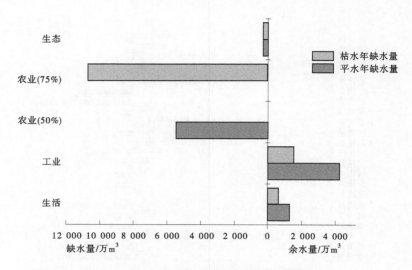

图 6-7　规划年武安市各行业水资源量供需平衡分析

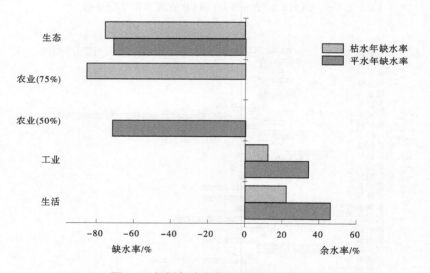

图 6-8　规划年武安市各行业缺水率分析

由图 6-7、图 6-8 可知,在规划平水年情况下,供水满足需水要求的是生活和工业,生活余水量为 1 288.64 万 m³,工业余水量为 4 252.41 万 m³;有缺水现象的是农业和生态,农业缺水量为 5 471.66 万 m³,生态缺水量为 293.64 万 m³;在规划枯水年情况下,供水满足需水要求的是生活行业和工业,生活余水量为 624.31 万 m³,工业余水量为 1 530.72 万 m³;农业和生态的分配水量均未达到该行业用水需求,其中农业缺水量为 10 717.35 万 m³,生态缺水量为 313.07 万 m³。

在初步的供需平衡分析后,可以发现武安市部分乡(镇)、行业有严重的缺水情况,因此需针对性地开展水资源优化配置研究。

6.4　GWAS 模型的构建

6.4.1　计算单元的划分

GWAS 模型使用行政分区嵌套水资源分区的计算单元划分方法,武安市下辖 13 个镇 9 个乡,共计 22 个乡(镇)。区域地处子牙河山区和子牙河平原两个水资源分区。借助 ArcGIS 软件,采用 GIS 叠加剖分原理,生成共计 29 个计算单元,其中北安乐乡、邑城镇、马家庄乡、馆陶乡、磁山镇、徘徊镇和冶陶镇经行政分区和水资源分区嵌套后,划分为两个计算单元。嵌套划分后具体计算单元划分见表 6-12。

6.4.2　供用水关系及次序的确定

根据武安市现状供水网络及《武安市水资源综合规划》,应遵循"分质供水、优水优用"的配置原则以及"用好境内地表水,用精用细地下水,充分利用非常规水"的供水思路。根据用水户的用水特点及水质需求和水源的供水能力,确定供用水方案的优先次序如下:①武安市地表水实行四库联合调度,用于生态环境、城乡生活、工业生产和农业灌溉;②合理开采地下水,用于城乡生活,补充工业生产及农业灌溉用水;③重视区域内再生水及矿排水等非常规水源,充分利用补充工业用水;④按照优先保障生活用水,遵循工业、生态、农业的顺序进行水资源分配。

表 6-12　嵌套划分后具体计算单元划分

计算单元	面积/km²	占比/%
伯延镇子牙河山区	47.76	2.65
北安庄乡子牙河山区	33.91	1.88
北安乐乡子牙河山区	40.64	2.25
北安乐乡子牙河平原	10.62	0.59
武安镇子牙河山区	40.43	2.24
贺进镇子牙河山区	104.66	5.80
康二城镇子牙河山区	67.31	3.73
活水乡子牙河山区	221.08	12.25
大同镇子牙河山区	71.79	3.98
阳邑镇子牙河山区	113.78	6.31
淑村镇子牙河山区	59.52	3.30
午汲镇子牙河山区	66.62	3.69
邑城镇子牙河山区	59.06	3.27
邑城镇子牙河平原	5.86	0.32

续表 6-12

计算单元	面积/km²	占比/%
石洞乡子牙河山区	74.9	4.15
上团城乡子牙河山区	55.91	3.10
西寺庄乡子牙河山区	68.63	3.80
马家庄乡子牙河山区	39.43	2.19
马家庄乡漳卫河山区	40.24	2.23
矿山镇子牙河山区	90.09	4.99
管陶乡子牙河山区	168.92	9.36
管陶乡漳卫河山区	19.56	1.08
磁山镇子牙河山区	57.01	3.16
磁山镇漳卫河山区	8.47	0.47
徘徊镇子牙河山区	65.92	3.65
徘徊镇漳卫河山区	34.92	1.94
冶陶镇子牙河山区	51.62	2.86
冶陶镇漳卫河山区	21.69	1.20
西土山乡子牙河山区	63.77	3.53
合计	1 804.12	100

根据武安市现状渠系、管道供水状况及未来供水规划,确定武安市地表水源-计算单元供水关系如图 6-9 所示。

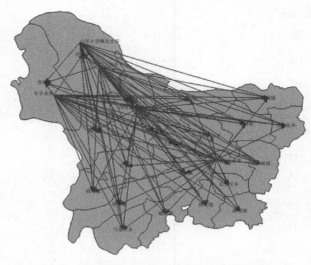

图 6-9　武安市地表水源-计算单元供水关系

6.4.3 模型参数的确定

采用 GWAS 模型软件优化配置模拟方法,经过测算,设定优化模拟参数为:种群大小50,交叉概率0.3,变异概率0.50,最大运行次数为30。优化调配系数设置为:缺水率权重为 0.50,公平性权重为 1.0,生活权重为 10.0,工业行业权重为 10.0,农业行业权重为5.0,生态行业权重为 5.0。同时,水库供水特性、地下水、再生水和矿排水的行业水源分水比设定如图 6-10~图 6-13 所示。

水源行业分水比

浅层水　粗制再生水　深处理再生水

	单元ID	用水单元名	农村生活	城市生活	工业	农业	城市生态	农村生态
1	1	伯延镇	2	2	1	1	0	0
2	2	北安庄乡	2	2	1	1	0	0
3	3	北安乐乡	2	2	1	1	0	0
4	4	武安镇	2	2	1	1	0	0
5	5	贺进镇	2	2	1	1	0	0
6	6	康二城镇	2	2	1	1	0	0
7	7	活水乡	2	2	1	1	0	0
8	8	大同镇	2	2	1	1	0	0
9	9	阳邑镇	2	2	1	1	0	0
10	10	淑村镇	2	2	1	1	0	0
11	11	午汲镇	2	2	1	1	0	0
12	12	邑城镇	2	2	1	1	0	0
13	13	石洞乡	2	2	1	1	0	0
14	14	上团城乡	2	2	1	1	0	0
15	15	西寺庄乡	2	2	1	1	0	0
16	16	马家庄乡	2	2	1	1	0	0
17	17	矿山镇	2	2	1	1	0	0
18	18	管陶乡	2	2	1	1	0	0
19	19	磁山镇	2	2	1	1	0	0
20	20	徘徊镇	2	2	1	1	0	0
21	21	冶陶镇	2	2	1	1	0	0
22	22	西土山乡	2	2	1	1	0	0

图 6-10 地下水水源行业分水比

▽ 水源行业分水比

	单元ID	用水单元名	农村生活	城市生活	工业	农业	城市生态	农村生态
		浅层水	粗制再生水		深处理再生水			
1	1	伯延镇	0	0	1	0	1	0
2	2	北安庄乡	0	0	1	0	1	0
3	3	北安乐乡	0	0	1	0	1	0
4	4	武安镇	0	0	1	0	1	0
5	5	贺进镇	0	0	1	0	1	0
6	6	康二城镇	0	0	1	0	1	0
7	7	活水乡	0	0	1	0	1	0
8	8	大同镇	0	0	1	0	1	0
9	9	阳邑镇	0	0	1	0	1	0
10	10	淑村镇	0	0	1	0	1	0
11	11	午汲镇	0	0	1	0	1	0
12	12	邑城镇	0	0	1	0	1	0
13	13	石洞乡	0	0	1	0	1	0
14	14	上团城乡	0	0	1	0	1	0
15	15	西寺庄乡	0	0	1	0	1	0
16	16	马家庄乡	0	0	1	0	1	0
17	17	矿山镇	0	0	1	0	1	0
18	18	管陶乡	0	0	1	0	1	0
19	19	磁山镇	0	0	1	0	1	0
20	20	徘徊镇	0	0	1	0	1	0
21	21	冶陶镇	0	0	1	0	1	0
22	22	西土山乡	0	0	1	0	1	0

图 6-11　再生水水源行业分水比

⌄ 水源行业分水比

			浅层水	粗制再生水	深处理再生水			
	单元ID	用水单元名	农村生活	城市生活	工业	农业	城市生态	农村生态
1	1	伯延镇	0	0	1	0	0	0
2	2	北安庄乡	0	0	1	0	0	0
3	3	北安乐乡	0	0	1	0	0	0
4	4	武安镇	0	0	1	0	0	0
5	5	贺进镇	0	0	1	0	0	0
6	6	康二城镇	0	0	1	0	0	0
7	7	活水乡	0	0	1	0	0	0
8	8	大同镇	0	0	1	0	0	0
9	9	阳邑镇	0	0	1	0	0	0
10	10	淑村镇	0	0	1	0	0	0
11	11	午汲镇	0	0	1	0	0	0
12	12	邑城镇	0	0	1	0	0	0
13	13	石洞乡	0	0	1	0	0	0
14	14	上团城乡	0	0	1	0	0	0
15	15	西寺庄乡	0	0	1	0	0	0
16	16	马家庄乡	0	0	1	0	0	0
17	17	矿山镇	0	0	1	0	0	0
18	18	管陶乡	0	0	1	0	0	0
19	19	磁山镇	0	0	1	0	0	0
20	20	徘徊镇	0	0	1	0	0	0
21	21	冶陶镇	0	0	1	0	0	0
22	22	西土山乡	0	0	1	0	0	0

图 6-12　矿业排水水源行业分水比

水库名	水质	供水	优化	供农村生活	供城市生活	供工业	供农业	供城生态
大洺远水库	1	1	0	0	0	1	1	1
四里岩水库	1	1	0	1	1	1	1	1
口上水库	1	1	1	0	0	0	0	0
山区小型概化水库	1	1	0	0	0	1	1	0
车谷水库	1	1	1	1	1	0	1	0

图 6-13　水库供水特性

6.5　结果分析

将需水预测成果和可供水量预测成果输入 GWAS 模型,按照参数设定和供水关系设定,输出结果见表 6-13。2025 年平水年情况下武安市配置水量 22 971.46 万 m³,其中武安镇配置水量最多,为 4 150.90 万 m³,馆陶乡配置水量最少,为 229.28 万 m³;在 2025 年枯水年情况下武安市配置水量为 20 479.04 万 m³,其中武安镇配置水量最多为 4 015.90 万 m³,马家庄乡配置水量最少,为 120.73 万 m³。

表 6-13　规划年武安市配置结果　　　　　　　　单位:万 m³

行政区域	生活	工业	农业		生态	合计	
			$P=50\%$	$P=75\%$		$P=50\%$	$P=75\%$
伯延镇	79.22	0	235.03	235.03	11.67	325.92	325.92
北安庄乡	61.38	1 993.99	181.26	17.27	9.05	2 245.68	2 081.69
北安乐乡	83.16	10.30	324.88	313.07	12.32	430.66	418.85
武安镇	612.59	3 292.25	165.64	30.85	80.21	4 150.69	4 015.90
贺进镇	89.04	1.00	188.57	188.49	13.14	291.75	291.67
康二城镇	134.93	59.13	248.30	155.86	19.86	462.22	369.78
活水乡	66.80	1.53	159.67	155.72	9.90	237.90	233.95
大同镇	148.93	7.54	553.21	496.81	21.98	731.66	675.26
阳邑镇	190.91	1 495.43	609.96	546.63	28.09	2 324.39	2 261.06
淑村镇	79.47	89.70	290.68	212.66	11.74	471.59	393.57
午汲镇	167.21	554.00	550.03	224.21	24.62	1 295.86	970.04
邑城镇	130.71	0.13	523.51	199.93	19.31	673.66	350.08
石洞乡	61.44	306.09	398.85	112.35	9.10	775.48	488.98
上团城乡	149.76	1 700.37	345.57	278.02	22.02	2 217.72	2 150.16
西寺庄乡	110.81	76.00	271.59	431.91	16.42	474.82	635.14
马家庄乡	51.85	0	273.95	61.20	7.68	333.48	120.73
矿山镇	120.64	549.50	271.29	95.38	18.01	959.44	783.53
管陶乡	50.93	0	170.80	77.33	7.55	229.28	135.81
磁山镇	105.18	1 573.97	282.45	72.25	15.49	1 977.09	1 766.89
徘徊镇	93.17	0	432.00	319.51	13.75	538.92	426.43
冶陶镇	75.49	332.45	222.51	48.87	11.09	641.54	467.90
西土山乡	205.76	481.69	463.96	397.94	30.30	1 181.71	1 115.69
合计	2 869.38	12 525.07	7 163.72	4 671.29	413.30	22 971.46	20 479.04

6.6　供需平衡分析

水资源供需平衡分析是指在研究区域范围内,在一定保证率下的年份中对水资源的供给和需求之间的平衡关系所进行的分析,是对水资源优化配置研究结果合理性的详细探讨。本次研究从行业、子区域两个维度进行水资源供需平衡分析。

6.6.1　行业供需平衡分析

规划年武安市行业供需平衡情况见图6-14。由图6-14可知,在平水年情况下,武安市生活、工业和生态不缺水,农业缺水量为501.86万 m³,缺水率为6.55%;枯水年情况下,武安市生活、生态不缺水,工业缺水量为999.30万 m³,缺水率为7.98%,农业缺水量为6 884.56万 m³,缺水率为54.83%。

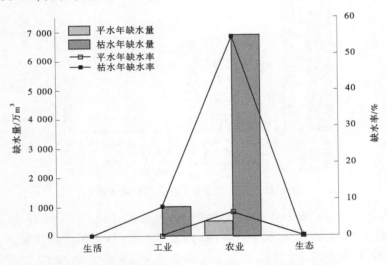

图6-14　武安市规划年不同保证率下各行业供需平衡情况

武安市的用水缺口主要在农业上,作为山区城市,在复杂的地形地貌的影响下,武安市"十年九旱",且本就不够丰富的降水量也存在时空维度分布不均的情况,进一步加大了武安市农业灌溉水量短缺的现象,该区域也是典型的旱作农业区,且武安市部分地区地下水开采困难,水资源短缺长期成为困扰武安市农业发展的难题。此外,在枯水年情况下各行业用水竞争加剧,工业也出现供水不足的现象,工业用水历来是武安市用水大户,2018年工业用水量占到总用水量的70%以上,作为武安市的经济支柱,未来武安市要妥善保障好工业供水,在生活用水必须满足、生态用水优先满足的情况下,通过工程措施、非工程措施调节以降低其他行业用水缺水率。

6.6.2　乡(镇)供需平衡分析

规划平水年情况下武安市乡(镇)供需平衡情况见图6-15。平水年情况下,北安乐乡、贺进镇、活水乡、大同镇、阳邑镇、午汲镇、石洞乡、上团城乡、西寺庄乡、马家庄乡、管陶乡、磁山镇、徘徊镇、冶陶镇配置水量达到需水要求;在缺水乡(镇)中,武安镇缺水量最多,为 112.14 万 m^3,缺水率为 2.63%;伯延镇缺水率最高,为 19.13%,缺水量为 77.11 万 m^3;北安庄乡缺水量为 70.94 万 m^3,缺水率为 3.06%;康二城镇缺水量为 41.81 万 m^3,缺水率为 8.29%;淑村镇缺水量为 36.05 万 m^3,缺水率为 7.10%;邑城镇缺水量为 54.36 万 m^3,缺水率为 7.47%;矿山镇缺水量为 76.68 万 m^3,缺水率为 7.40%;西土山乡缺水量为 32.78 万 m^3,缺水率为 2.70%。

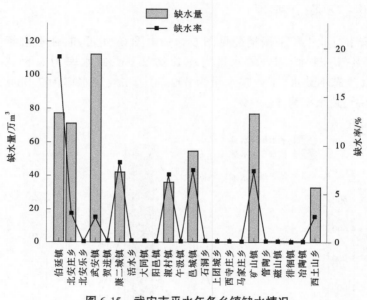

图 6-15　武安市平水年各乡镇缺水情况

　　规划枯水年情况下武安市乡(镇)供需平衡情况见图 6-16。在枯水年情况下,除西寺庄乡配置水量达到需水要求外,其余各乡(镇)均出现不同程度的缺水现象。在各缺水乡镇中,邑城镇缺水量最高,为 758.69 万 m^3,缺水率为 68.43%;马家庄乡缺水率最高为 76.50%,缺水量为 393.10 万 m^3;伯延镇缺水量为 284.18 万 m^3,缺水率为 46.58%;北安庄乡缺水量为 401.93 万 m^3,缺水率为 16.18%;北安乐乡缺水量为 218.88 万 m^3,缺水率为 34.32%;武安镇缺水率为 360.48 万 m^3,缺水率为 8.24%;贺进镇缺水量为 113.64 万 m^3,缺水率为 28.04%;康二城镇缺水量为 334.64 万 m^3,缺水率为 47.51%;活水乡缺水量为 97.47 万 m^3,缺水率为 29.41%;大同镇缺水量为 417.11 万 m^3,缺水率为 38.18%;阳邑镇缺水量为 464.11 万 m^3,缺水率为 17.03%;淑村镇缺水量为 327.82 万 m^3,缺水率为 45.44%;午汲镇缺水量为 686.52 万 m^3,缺水率为 41.44%;石洞乡缺水量为 553.69 万 m^3,缺水率为 53.10%;上团城乡缺水量为 287.99 万 m^3,缺水率为 11.81%;矿山镇缺水量为 466.34 万 m^3,缺水率为 37.31%;管陶乡缺水量为 200.34 万 m^3,缺水率为 59.60%;磁山镇缺水量为 390.55 万 m^3,缺水率为 18.10%;徘徊镇缺水量为 399.72 万 m^3,缺水率为 48.38%;冶陶镇缺水量为 313.92 万 m^3,缺水率为 40.15%;西土山乡缺水量为 412.75 万 m^3,缺水率为 27.00%。

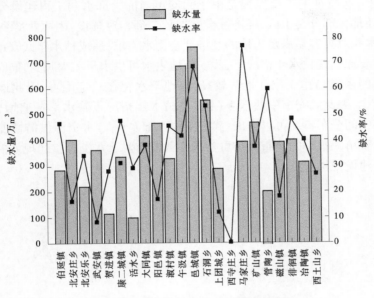

图 6-16　武安市枯水年各乡(镇)缺水情况

　　武安市缺水率分布空间特征见图 6-17 和图 6-18,平水年情况下,武安市缺水率分布呈现明显的"东高西低"特征,而枯水年情况下,缺水率则向中部蔓延。造成平水年武安

图 6-17　平水年缺水率空间特征

市缺水率空间分布特征的主要原因是由于武安市当前大部水利工程建设分布于市内西部,同时由于西部大部分是山区,经济社会发展较东部相对缓慢,因而西部乡(镇)需水量相对较小,供水相对更容易满足当地的经济社会用水需求;造成枯水年武安市缺水率空间分布特征的主要原因是枯水年情况下,武安市地表水可供水量大大减少,同时大多数位于武安市中西部的乡(镇)由于位处地势较高,取地下水存在一定困难,因此地下水可供水量普遍相对较少,因此武安市中西部乡(镇)在枯水年情况下缺水率普遍增长较快,根据枯水年缺水率空间分布特征可以得出:武安市中西部乡(镇)水资源供需情况受水文频率影响较大。武安市缺水率的分布特征可为未来武安市对于水资源空间规划的布局以及相关水利工程的建设提供参考。

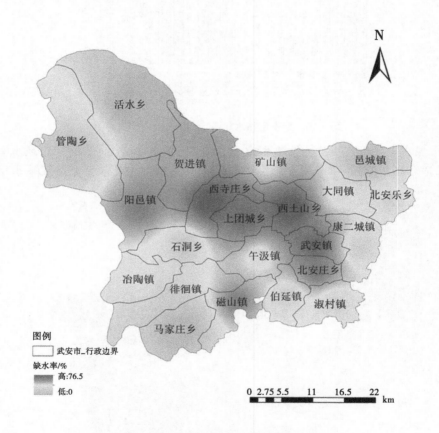

图 6-18　枯水年缺水率空间特征

6.7　水源结构分析

由于平水年、枯水年情景下武安市行业用水水源结构高度类似,故以平水年行业水源结构为例进行分析。平水年武安市各行业用水水源结构如图 6-19 所示,在各水源中,地表水供给生活、工业、农业和生态;再生水全部用于工业;地下水大部分供给生活、工业和农业;矿排水仅用于工业。

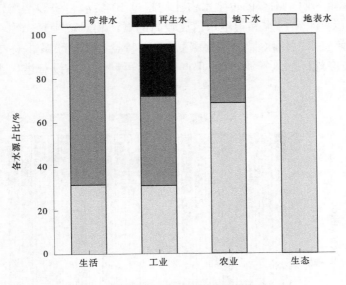

图 6-19 平水年武安市行业水源结构

规划年,武安市生活用水大幅增长,由于生活用水对水质要求最高,因此优先以地下水和水质较高的四里岩水库、车谷水库供给。未来,武安市应尽快实现南水北调东线工程通水,并进行水源置换工作,以此缓解武安市的水资源压力;工业用水是武安市用水最多的行业,其供水水源也最为丰富,囊括了地表水、地下水、再生水和矿排水,随着河北省地下水压采治理工程不断地深入推进,未来应逐渐限制地下水在工业的应用,同时尽量将地表水作为调蓄水源,此外逐渐加大再生水、矿排水在工业的利用。

6.8 供水结构分析

由于平水年、枯水年情景下武安市供水水源结构高度类似,故以平水年水源结构为例进行分析。

6.8.1 乡(镇)供水结构

武安市各乡(镇)供水水源结构如图 6-20 所示。可以看出,武安市各乡(镇)当前主要是依靠地表水和地下水为主要供水水源。其中,伯延镇、马家庄乡、管陶乡和徘徊镇的水源仅由地表水和地下水构成,无再生水和矿排水源,考虑到山区的地域因素,这四个乡(镇)未来应考虑山区雨水涵养及高效再利用以开拓水源,缓解水资源压力;北安乐乡、贺进镇、活水乡、大同镇、邑城镇和西寺庄乡的再生水和矿排水占比少,这些区域在发展再生水和矿排水上有一定潜力,因此未来区域应适当加大以上非常规水源的开发力度;武安镇再生水水资源占比为 22.20%,作为武安市工业园区集中地,武安镇占了大部分武安市的工业用水,同时是武安市城镇生活的主要范围,因此再生水在武安镇有充足的来源以及广阔的应用空间;其余乡(镇)中,北安庄乡、康二城镇、阳邑镇、午汲镇、上团城乡、矿山镇、磁山镇、冶陶镇和西土山乡的再生水占比均超过 10%;淑村镇和冶陶镇的矿排水供水占比超过 10%。综上,矿排水和再生水占比较高的城市相对较少且集中在武安市东南部较低地区,说明武安市的供水水源结构跟区域地理特点有一定联系。未来,武安市应着眼于西北部地势较高地区的水资源布局,重点以雨水再利用和铺设管道供水以逐步开展水源置换工作。

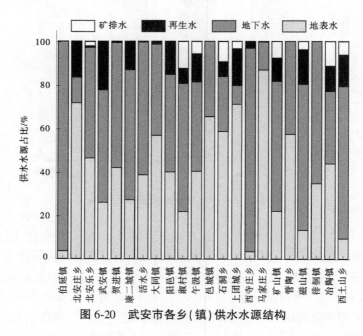

图 6-20　武安市各乡(镇)供水水源结构

6.8.2　各水源用水结构

6.8.2.1　地表水供水行业结构

　　武安市各乡(镇)地表水供水结构见图 6-21。由图 6-21 可知,地表水绝大部分应用在各乡(镇)农业上,在各乡(镇)中,除伯延镇、北安庄乡、武安镇、上团城乡和西寺庄乡外,地表水在其余乡(镇)的用水率均在 50%以上,表明这些区域渠系配套措施已达较高水平;在工业方面,地表水源在北安庄乡工业占比达 84.63%,在武安镇工业占比为74.90%,在上团城乡工业占比为 70.98%,在阳邑镇工业占比为 25.54%,在冶陶镇工业占比为 13.51%;在生活用水方面,地表水在北安乐乡、武安镇和上团城乡用水率在 10%以下,在西土山乡生活用水占比为 15.79%,在阳邑镇生活占比为 19.90%,其余乡(镇)生活用水占比均在 20%以上;在生态用水方面,伯延镇和西寺庄乡的占比在 50%以上,在西土山乡生态用水占比为 22.37%,在康二城镇生态用水占比为 12.30%,地表水在其余乡(镇)的生态用水占比在 10%以下。地表水受平枯年份影响较大,若遇到枯水年份则难以稳定供水,因此武安市未来除尽快实现南水北调工程通水外,还应尽快确立好每年引漳入洺的水量指标,发挥好水库时间上的调蓄作用,保证枯水年地表水的水量达到下游需水量的最低要求。

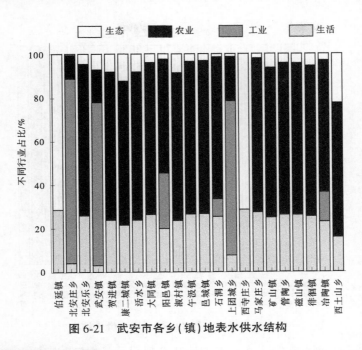

图 6-21　武安市各乡(镇)地表水供水结构

6.8.2.2　地下水供水行业结构

武安市各乡(镇)地下水供水结构见图 6-22。由图 6-22 可知,地下水不供给生态用水。在生活用水方面,地下水在马家庄乡生活用水占比为 100%,在贺进镇生活用水占比为 53.06%,在邑城镇生活用水占比为 56.75%,在上团城乡生活用水占比为 76.49%,在管陶乡生活用水占比为 52.47%,其余乡(镇)生活用水占比均少于 50%;在工业方面,地下水在北安庄乡工业用水占比为 76.97%,在武安镇工业用水占比为 71.53%,在阳邑镇工业用水占比为 81.67%,在午汲镇工业用水占比为 59.36%,在石洞乡工业用水占比为 68.62%,在矿山镇工业用水占比为 65.77%,在磁山镇工业用水占比为 89.82%,在冶陶镇工业用水占比为 64.71%,其余乡(镇)工业用水占比均低于 30%,占比的不同主要是由于工业分布的区域差异性;在农业用水方面,地下水在伯延镇农业用水占比为 74.79%,北安乐乡农业用水占比为 62.00%,康二城镇农业用水占比为 51.18%,活水乡农业用水占比为 52.99%,大同镇农业用水占比为 51.59%,淑村镇农业用水占比为 71.42%,西寺庄乡农业用水占比为 60.98%,徘徊镇农业用水占比为 73.41%,其余乡(镇)农业用水占比均不超过 50%。武安市存在地下水开采难度大的问题,且在河北省地下水超采综合治理的背景下,未来武安市应设法削减地下水的使用,开拓其他水源,将地下水作为应急储备水源。

6.8.2.3　非常规水供水行业结构

武安市各乡(镇)非常规水供水结构见图 6-23。由图 6-23 可知,非常规水不供给生活用水和农业用水。在伯延镇、阳邑镇、马家庄乡、管陶乡和徘徊镇,配置结果里没有分配非常规水。在剩余乡(镇)中,北安庄乡、武安镇、康二城镇、淑村镇、午汲镇、石洞乡、上团城乡、矿山镇、磁山镇、冶陶镇和西土山乡中,非常规水大部分应用于工业;北安乐乡、贺进镇、活水乡、大同镇、邑城镇和西寺庄乡的非常规水主要应用于生态环境。由于武安市蕴

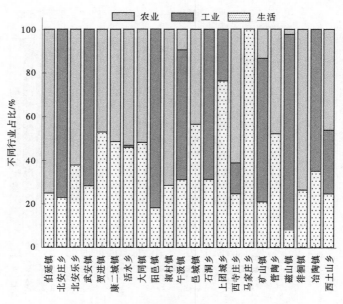

图 6-22 武安市各乡(镇)地下水供水结构

藏丰富的矿产资源,因此矿排水在武安市的开发利用前景广阔,此外,随着武安市城镇化进程的不断加快,未来武安市应重视区域的再生水利用。由于非常规水利用一般不计入区域用水总量红线,且其利用有利于缓解传统水源供给的压力,因此未来武安市应逐步开拓非常规水源并将其纳入区域的主要供水水源之一。

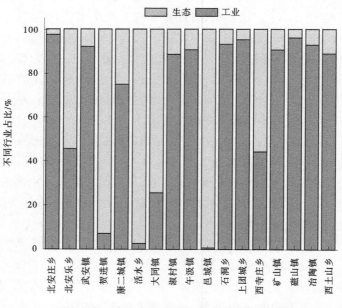

图 6-23 武安市各乡(镇)非常规水供水结构

6.9　对策与建议

根据上述配置结果及分析,结合武安市水资源开发利用现状分析,提出武安市未来水资源管理的合理性建议如下。

6.9.1　积极引入客水,完善渠系、管道布局

引入外调水是缓解武安市水资源供需矛盾的重要手段,根据本书配置结果分析,武安市的用水缺口主要体现在农业和工业上。因此,未来武安市应尽快落实南水北调工程在武安市通水,形成"引漳入洺"和"南水北调"联合配置的外调水供水格局。同时,在渠系供水的外调水方面:逐段进行渠底防渗处理,主要渠道进行防渗衬砌;在管道供水的外调水方面:加大管道漏损巡查力度,做到管道漏水能及时查巡、及时修复。在空间尺度上,外调水供水乡(镇)应由东向西,以最大化降低武安市缺水率。

6.9.2　加强非常规水源的循环利用

非常规水资源的充分利用有利于实现区域水资源健康循环,尤其对于矿产资源丰富、工业发达的武安市来说,其非常规水源的预备水量极为丰富。未来,武安市非常规水源的利用主要可分为再生水、矿排水和雨水的利用。再生水利用方面:从废污水的收集、再处理以及回用上各环节加强监管,提高再生水回用技术;矿排水利用方面:修建配套水利工程,建立合理的矿排水取水、净水、用水、排水的系统网络。雨水收集再利用方面:修建集雨水窖和人工集雨场,解决重点缺水区的人畜饮水困难和农业生产抗旱用水问题,利用废旧水库坑塘存蓄雨洪资源用于生态的利用。

6.9.3　各行业全方位节水,建设节水型社会

根据现状用水水平状况以及节水指标、节水潜力分析,充分考虑居民生活用水安全、保证正常生产用水和生态良好的前提下,各行业提出如下节水措施:生活节水方面,实行计划用水和定额管理、全面推行节水型器具加快改造城镇供水管网,降低管网漏失率;工业节水,调整产业结构,促进节约用水、强化企业内部用水管理和建立完善三级计量体系、严格执行建设项目水资源论证;农业节水,大力发展节水灌溉面积,改变传统的灌溉模式,积极推广节水型灌溉模式,在农灌区,大力发展喷灌、滴灌、微灌等节水灌溉面积,并以节水增产为目标对灌区进行技术改造;生态补水方面,与其他行业不同,武安市生态行业需要通过一系列措施合理补水,重点应放在加强水生态保护补偿机制建设、完善水生态环境预警系统等方面。同时,应加大节水宣传,塑造全民节水的良好氛围,逐渐开展"节水校园""节水小区"等重点节水单位建设。

第 7 章　结　语

　　本书以地处华北平原腹地的邯郸市为研究区域,并分别选取魏县和武安市作为平原农业典型县和山区工业典型县,结合国内外关于水资源问题的研究成果,深入剖析了邯郸市和典型区县的水资源开发利用现状、存在问题,分别分析了规划水平年各区域水资源的供需平衡;在此基础上,分别构建了邯郸市、魏县和武安市的 GWAS 模型,在水资源总量和效率双红线约束下,考虑水资源的时空丰枯调剂,开展了不同尺度研究区的水资源优化配置,形成了分行业、分水源的典型市域、典型平原农业县域、典型山区工业县域的水资源配置方案;基于配置方案,针对不同对象,因地制宜地提出了便于落地实施的对策措施。本书取得的主要研究成果如下:

　　(1)华北地区典型市域——邯郸市水资源配置分析。

　　在最严格水资源红线管理制度下,通过产业调整,近期、远期规划水平年的丰水年和平水年的供需相对平衡;但枯水年都存在较严重的缺水,近期、远期规划年,整个市域的缺水率分别为 39.79%、25.56%,随着产业结构的调整以及人口结构的变化,远期规划年的缺水状况较近期规划年明显改善。对于空间分布而言,各规划年不同来水情景下,所有区县均存在不同程度的缺水,尤其是东部平原各县和西部武安市较为严重。对比分析方案一(严格各县域管理红线)和方案二(以市域管理红线为总体控制调配、各县域红线柔性对待)的配置结果表明,方案二在一定程度上可缓解不同区县的供需矛盾;以武安市为例,近期规划年枯水情景下,方案二配置结果的缺水率缓解可超 40%,充分说明了水资源统筹管理的重要性。

　　邯郸市水资源配置的水源构成有地表水、地下水、外调水和非常规水。其中,外调水有南水北调中线供水和引黄水,非常规水有微咸水、中水等。受水源空间分布、水利设施及其配套能力的影响,各区县不同方案下各水源主要构成具有一定的差异性。其中,邯山区(含冀南)、永年区、武安市和鸡泽县的地表水占比较高,平水年、丰水年的占比为40.43% ~ 53.34%,枯水年地表水占比都普遍锐减,仅有武安地表水占比超 40%;磁县、峰峰矿区的地下水供水占比较高,为 65.73% ~ 69.57%,其次是临漳县和成安县,占比均超过了 50%;供水结构最依赖外调水的是复兴区,约为 66%;非常规水利用方面,邱县、曲周、广平利用微咸水和地下水混合灌溉的比例较高,为 42.06% ~ 59.28%。相比较而言,地下水、外调水以及微咸水和地下水混合供水为主的这些区县,供水结构受丰枯变化的影响较小。

　　(2)平原农业典型县——魏县水资源配置分析。

　　针对需水上下限的魏县 GWAS 模型配置结果表明,在平水年和枯水年情况下,魏县各乡(镇)的生活用水、第三产业用水和生态用水均可满足,用水缺口主要体现在工业和农业上。其中,平水年,需水下限时,工业不缺水、农业缺水率为 16%,需水上限时,工业、农业的缺水率分别为 7.64%、17.52%;枯水年,需水下限时,工业不缺水,农业缺水率为

31.68%,需水上限时,工业、农业的缺水率分别为 32.53%、35.04%。

优化配置后,除可供水量能满足用水需求的乡(镇)外,其余各乡(镇)的缺水量和缺水率较优化前均有所下降,且大部分缺水率下降超 5%,个别下降达 12.12%。尽管如此,但个别乡(镇)缺水情况仍不容乐观,其中,平水年,需水下限和需水上限情景以及枯水年的需水下限情景下,边马乡最缺水,缺水率分别为 26.53%、28.23% 和 47.30%,枯水年需水上限情景下,魏城镇最缺水,缺水率为 50.56%;而平水年需水下上限情景以及枯水年需水下上限情景下,缺水率的最低值分别为 0.08%(魏城镇)、1.03%(东代固)、0.15%(魏城镇)、3.89%(东代固)。优化配置后各乡(镇)缺水情况充分说明了魏县供需水空间分布的不均性。

优化配置后魏县供水结构在不断优化,规划年地下水和微咸水共计占比 44.4%,较现状年的 52.3% 而言,下降显著。其中,车往镇、东代固乡、北台头乡、北皋镇、大马村乡、前大磨乡、大辛庄乡、棘针寨乡的供水水源基本由地下水和外调水构成,其余乡(镇)则主要由地下水、外调水和非常规水三种水源构成。

(3)山区工业典型县——武安市水资源配置分析。

在平水年情景下,武安市配置水量 22 971.46 万 m³,其中武安镇配置水量最多,为 4 150.69 万 m³,管陶乡配置水量最少,为 229.28 万 m³。优化后的供需平衡分析表明,武安市生活、工业和生态不缺水,农业缺水率为 6.55%;北安乐乡、贺进镇、活水乡、大同镇、阳邑镇、午汲镇、石洞乡、上团城乡、西寺庄乡、马家庄乡、管陶乡、磁山镇、徘徊镇、冶陶镇配置水量达到需水要求,其余乡(镇)缺水,其中武安镇缺水量最多,为 112.14 万 m³,伯延镇缺水率最高,为 19.13%。

在枯水年情景下,武安市配置水量为 20 479.04 万 m³。其中,武安镇配置水量最多,为 4 015.90 万 m³;马家庄乡配置水量最少,为 120.73 万 m³。优化后的供需平衡分析表明,武安市生活、生态不缺水,工业缺水率为 7.98%,农业缺水率为 54.83%;除西寺庄乡配置水量达到需水要求外,其余各乡(镇)均出现不同程度的缺水现象,其中邑城镇缺水量最高,为 758.69 万 m³,马家庄乡缺水率最高,为 76.50%。

不同情景下,武安市行业用水水源结构高度类似。地表水供给生活、工业、农业和生态;再生水全部用于工业;地下水大部分供给生活、工业和农业;矿排水仅用于工业。

参考文献

[1] 赵丹,邵东国,刘丙军. 西北灌区水资源优化配置模型研究[J]. 水利水电科技进展,2004(4):5-7,69.

[2] 胡敬鹏. 都江堰灌区渠首水资源优化配置研究[D]. 成都:四川大学, 2006.

[3] 马德海,马乐平. 基于灌区需水与水库兴利调度的水资源优化配置研究与应用[J]. 水利水电技术, 2010,41(9):1-4.

[4] L Mo, G Ping. A multi-objective optimal allocation model for irrigation water resources under multiple uncertainties[J]. Applied Mathematical Modelling, 2014, 38(19-20):4897-4911.

[5] 张运凤,郭威,徐建新,等. 基于最严格水资源管理制度的大功引黄灌区的水资源优化配置[J]. 华北水利水电大学学报(自然科学版),2015,36(3):28-32.

[6] 康燕楠. 基于SWAT-MODFLOW的多尺度干旱时段水资源优化配置[D].咸阳:西北农林科技大学, 2021.

[7] Y Li,J Xie,R Jiang,et al. Application of edge computing and GIS in ecological water requirement prediction and optimal allocation of water resources in irrigation area[J]. PLoS ONE,2021,16(7):e0254547.

[8] 常福宣,张洲英,陈进.适合长江流域的水资源合理配置模型研究[J].人民长江,2010,41(7):5-9.

[9] Hu Zhi-Dong, Wu Ze-Ning,Yu Hong-Tao, et al. Influence analysis of water resources allocation in the reception basin for regulating reservoir of inter-basin water transfer branch canal projects[J]. China Rural Water and Hydropower, 2010(2):17-20,24.

[10] 齐鹏. 基于地下水–地表水联合调控的挠力河流域水资源优化配置[D]. 北京:中国科学院大学,2018.

[11] J Tian, D Liu, S Guo, et al. Impacts of inter-basin water transfer projects on optimal water resources allocation in the Hanjiang River Basin, China[J]. Sustainability,2019,11.

[12] 邱宇. 不确定条件下汀江流域水资源优化配置与生态补偿研究[D]. 长春:吉林大学,2020.

[13] 卞戈亚,董增川,蔡继. 河北省水资源优化配置及效果评价研究[J]. 水电能源科学,2008,26(6):25-28,198.

[14] 姜秋香,曹璐,王子龙,等.基于CVaR-TSP的黑龙江城市水资源配置及风险管理[J].水利水电科技进展,2022,42(1):40-46.

[15] 侯慧敏,王鹏全,张永明,等.基于可持续发展的金昌市水资源优化配置研究[J].水资源与水工程学报,2014,25(6):179-183.

[16] 沙金霞. 改进的NSGA-Ⅱ法在邢台市水资源优化配置中的应用[J].水电能源科学,2018,36(5):21-25.

[17] 尤祥瑜,谢新民,孙仕军,等. 我国水资源配置模型研究现状与展望[J]. 中国水利水电科学研究院学报, 2004(2):53-62.

[18] 吴泽宁,索丽生. 水资源优化配置研究进展[J]. 灌溉排水学报, 2004(2):1-5.

[19] Buras N. Scientific allocation of water resources. Water resources development and utilization:a rational approach[J]. Optimal Control Theory,1972,14(2):339-362.

[20] Ilich, Nesa. Improvement of the return flow allocation in the Water Resources Management Model of

Alberta Environment[J]. Canadian Journal of Civil Engineering, 1993, 20(4):613-621.

[21] Watkins D W, Daene C M. Robust optimization for incorporating risk and uncertainty in sustainable water resources planning[J]. Iahs Publications,1995,231(13):225-232.

[22] Z Z Wang,S Y Hu,Y T Wang. Initial two-dimensional water right allocation modeling based on water quantity and water quality in the rive basin[J]. Journal of Hydraulic Engineering, 2010, 41(5): 524-530.

[23] Rolfe J, Greiner R, Windle J, et al. Testing for allocation efficiencies in water quality tenders across catchments, industries and pollutants: a north queensland case study[J]. Australian Journal of Agricultural and Resource Economics,2011,55(4):518-536.

[24] Nikoo M R, Kerachian R, Poorsepahy-Samian H. An interval parameter model for cooperative inter-basin water resources allocation considering the water quality issues[J]. Water Resources Management,2012, 26(11):3329-3343.

[25] W Zhang, W Yan, H Peng,et al. A coupled water quantity-quality model for water allocation analysis[J]. Water Resources Management,2010,24(3):485-511.

[26] Bennett L L. The integration of water quality into transboundary allocation agreements Lessons from the southwestern United States[J]. Agricultural Economics,2015,24(1):113-125.

[27] X Qin,G Huang,C Bing,et al. An interval-parameter waste-load-allocation model for river water quality management under uncertainty[J]. Environmental Management,2009,43(6):999.

[28] 王浩. 我国水资源合理配置的现状和未来[J]. 水利水电技术,2006(2):7-14.

[29] 李令跃,甘泓. 试论水资源合理配置和承载能力概念与可持续发展之间的关系[J]. 水科学进展, 2000(3):307-313.

[30] 王顺久,侯玉,张欣莉,等. 中国水资源优化配置研究的进展与展望[J]. 水利发展研究,2002 (9):9-11.

[31] 王浩,黄淮海流域水资源合理配置研究[R].北京:中国水利水电科学研究院水资源研究所,2006.

[32] 王浩,游进军. 中国水资源配置30年[J]. 水利学报, 2016,47(3):265-271,282.

[33] 钱正英. 西北地区水资源配置、生态环境建设和可持续发展战略研究[J]. 中国水利,2003(9): 17-24,5.

[34] 中国工程院"西北水资源"项目组. 西北地区水资源配置生态环境建设和可持续发展战略研究 [J]. 中国工程科学, 2003(4):1-26.

[35] 吕智,陈文贵,丁宏伟. 干旱区内陆盆地水资源的合理配置:以甘肃省高台县为例[J]. 水资源保护, 2005(6):49-52.

[36] 刘丙军,陈晓宏,刘德地. 南方季节性缺水地区水资源合理配置研究:以东江流域为例[J]. 中国水利,2008(5):21-23.

[37] 孙志林,夏珊珊,许丹,等. 区域水资源的优化配置模型[J]. 浙江大学学报(工学版),2009,43 (2):344-348.

[38] Y Han, Y F Huang, W I Maqsood. A multi-objective linear programming model with interval parameters for water resources allocation in Dalian City[J]. Water Resources Management,2011,25(2):449-463.

[39] 向龙,范云柱,刘蔚,等. 基于节水优先的水资源配置模式[J]. 水资源保护,2016,32(2):9- 13,25.

[40] 高黎明,陈华伟,李福林. 基于水量水质双控的缺水地区水资源优化配置[J]. 南水北调与水利科技(中英文),2020,18(2):70-78.

[41] 伍鑫,王艺杰,姚园,等. 基于区间两阶段法的城市水资源优化配置[J]. 水利水电技术(中英

文), 2021, 52(10):24-34.

[42] 邵东国, 贺新春, 黄显峰, 等. 基于净效益最大的水资源优化配置模型与方法[J]. 水利学报, 2005(9):1050-1056.

[43] 吴泽宁, 索丽生, 曹茜. 基于生态经济学的区域水质水量统一优化配置模型[J]. 灌溉排水学报, 2007(2):1-6.

[44] 石敏俊, 陶卫春, 赵学涛, 等. 生态重建目标下石羊河流域水资源空间配置优化——基于分布式水资源管理模型[J]. 自然资源学报, 2009, 24(7):1133-1145.

[45] 闫静静. 基于不确定性理论的生态城市水资源配置方法研究[D]. 天津:天津大学, 2010.

[46] 李金燕. 基于生态优先的宁夏中南部干旱区域水资源合理配置研究[D]. 银川:宁夏大学, 2014.

[47] 吴元梅, 郭凯先. 面向生态的察汗乌苏河流域水资源配置方案研究[J]. 中国农村水利水电, 2018(5):63-66.

[48] 刘美钰, 张雷, 栾清华, 等. 人工鱼群算法在河间市水资源优化配置中的应用[J]. 水利水运工程学报, 2021(3):74-83.

[49] 袁缘, 陈星, 许钦, 等. 基于量质一体化的多目标水资源优化双层配置研究[J]. 中国农村水利水电, 2021(12):129-134.

[50] 张平, 赵敏, 郑垂勇. 南水北调东线受水区水资源优化配置模型[J]. 资源科学, 2006(5):88-94.

[51] 严登华, 秦天玲, 肖伟华, 等. 基于低碳发展模式的水资源合理配置模型研究[J]. 水利学报, 2012, 43(5):586-593.

[52] 桑学锋, 翟正丽, 王建华, 等. 面向总量闭合的水资源配置模型与应用[J]. 中国水利水电科学研究院学报, 2017, 15(2):81-88.

[53] 刘焕龙. 京津冀水资源可持续利用评价与水资源配置研究[D]. 北京:华北电力大学, 2020.

[54] L X Zhang. Design of a water resources optimal allocation model of sustainable development[J]. Journal of Anhui Agricultural Sciences, 2011, 39(2):897-898.

[55] C Hu, D S Li. Design of water resources optimal allocation model of sustainable development[J]. Advanced Materials Research, 2014, 1010-1012:1089-1094.

[56] 姜志娇, 杨军耀, 任兴华. 基于"三条红线"及 SE-DEA 模型的水资源优化配置[J]. 节水灌溉, 2016(11):81-84.

[57] 梁士奎, 左其亭. 基于人水和谐和"三条红线"的水资源配置研究[J]. 水利水电技术, 2013, 44(7):1-4.

[58] 王伟荣, 张玲玲. 最严格水资源管理制度背景下的水资源配置分析[J]. 水电能源科学, 2014, 32(2):38-41.

[59] 王义民, 孙佳宁, 畅建霞, 等. 考虑"三条红线"的渭河流域(陕西段)水量水质联合调控研究[J]. 应用基础与工程科学学报, 2015, 23(5):861-872.

[60] 钟鸣, 范云柱, 向龙, 等. 最严格水资源管理与优化配置研究[J]. 水电能源科学, 2018, 36(3):26-29.

[61] 李遥. 基于节水优先的水资源配置模式研究[J]. 黑龙江水利科技, 2019, 47(4):31-33.

[62] 周淑妹, 贾丽业, 周金达. 天津市水资源优化配置及节水问题的几点思考[J]. 水文, 2009, 29(1):36-37, 41.

[63] Joeres E F, Liebman J C, Revelle C S. Operating rules for joint operation of raw water sources[J]. Water Resources Research, 1971, 7(2):225-235.

[64] Riordan, Courtney. Multistage marginal cost model of investment-pricing decisions: application to urban water supply treatment facilities[J]. Water resources research, 1971, 7(3):463-478.

［65］ Erhard F,Joeres,et al. Operating rules for joint operation of raw water sources［J］. Water Resources Research,1971,7(2):225-235.

［66］ 王霞，唐德善，赵洪武，等. 太子河流域水资源优化配置供水模型［J］. 水利水运工程学报,2005 (2):46-52.

［67］ Wu Ai-Hua. Research and application of multi-objective ant-genetic algorithm for region water resources optimal allocation［J］. Computer Knowledge and Technology(Academic Exchange), 2007(23):1392-1393,1398.

［68］ Qu Guo-Dong,Zhang-Hua Lou. Application of particle swarm algorithm in the optimal allocation of regional water resources based on immune evolutionary algorithm［J］. 上海交通大学学报:英文版,2013 (5): 7.

［69］ S Liu,Dan Yu. Optimal allocation of water resources based on non-dominated sorting genetic algorithm-Ⅱ ［J］. Journal of Water Resources and Water Engineering,2013,24(5):185-188.

［70］ Hong-Ze Wang, Dong Zeng-Chuan, Zhao Yan. Optimal water resources allocation of lakefront river network region based on coevolutionary genetic algorithm［J］. South-to-North Water Transfers and Water Science & Technology,2014,31(7):771–777.

［71］ Guo-Hua He, J C Xie, N Wang, et al. Optimal allocation of water resources based on simulated annealing-genetic algorithm［J］. Journal of Northwest A & F University(Natural Science Edition), 2016,44 (6):196-202.

［72］ Kai Zhang, Shen Jie. Optimal allocation of water resources based on firefly algorithm and entropy method ［J］. Water Resources Protection, 2016,32(3):50-53.

［73］ 王慧，高泽海，孙超，等. 基于NSGA-Ⅱ的灌区水资源优化配置模型及应用［J］. 灌溉排水学报, 2021,40(9):118-124.

［74］ 李玉榕，项国波. 一种基于多目标遗传算法的非线性控制器［J］. 计算机仿真, 2004(5):61-63.

［75］ 王鹏. 基于pareto front 的多目标遗传算法在灌区水资源配置中的应用［J］. 节水灌溉,2005(6): 29-32.

［76］ 陈南祥，李跃鹏，徐晨光. 基于多目标遗传算法的水资源优化配置［J］. 水利学报, 2006(3): 308-313.

［77］ 黄曼丽，张健，丁大发，等. 基于遗传算法的区域水资源优化配置研究［J］. 人民长江,2008(6): 29-32.

［78］ 李琳，吴鑫淼，郄志红. 基于改进NSGA-Ⅱ算法的水资源优化配置研究［J］. 水电能源科学,2015, 33(4):34-37.

［79］ 陈晓楠，段春青，邱林，等. 基于粒子群的大系统优化模型在灌区水资源优化配置中的应用［J］. 农业工程学报, 2008(3):103-106.

［80］ 侯景伟，孔云峰，孙九林. 基于多目标鱼群–蚁群算法的水资源优化配置［J］. 资源科学,2011,33 (12):2255-2261.

［81］ 刘彬，沙金霞. 改进人工鱼群算法在水资源优化配置中的应用［J］. 人民黄河, 2017,39(8): 58-62.

［82］ 吴云，吴梦烟，杨侃，等. 基于改进飞蛾扑火算法的区域水资源优化配置模型研究［J］. 中国农村水利水电, 2019(9):8-13.

［83］ 杜佰林，张建丰，高泽海，等. 基于模拟退火粒子群算法的水资源优化配置［J］. 排灌机械工程学报,2021,39(3):292-299.

［84］ 曾萌，王丰，张永鹏，等. 基于鱼群算法的广东省水资源优化配置研究［J］. 西北大学学报(自然

科学版),2020,50(5):733-741.

[85] 贺北方. 区域水资源优化分配的大系统优化模型[J]. 武汉水利电力学院学报, 1988(5): 109-118.

[86] 刘健民,张世法,刘恒. 京津唐地区水资源大系统供水规划和调度优化的递阶模型[J]. 水科学进展, 1993(2):98-105.

[87] 沈佩君,王博,王有贞,等. 多种水资源的联合优化调度[J]. 水利学报, 1994(5):1-8.

[88] 吴泽宁,左其亭,张晨光. 水资源配置中环境资源价值评估方法及应用[J]. 郑州工业大学学报, 2001(4):1-4.

[89] Kucukmehmetoglu M, J M Guldmann. International water resources allocation and conflicts: the case of the Euphrates and Tigris[J]. Environment & Planning A, 2002,36(5):783-801.

[90] 王丽萍,王蕊,姜生斌,等. 水资源系统多目标优化配置模型的研究及应用[J]. 华北电力大学学报, 2007(4):32-37.

[91] 朱九龙. 南水北调供应链的水资源配置模型[J]. 系统工程, 2007(11): 31-35.

[92] 彭晶. 基于 GIS 的多目标动态水资源优化配置研究[D]. 天津:天津大学, 2013.

[93] 杨芬,王萍,邵惠芳,等. MIKE BASIN 在缺水型大城市水资源配置中的应用初探[J]. 水利水电技术,2013,477(7):13-16.

[94] Zagona E A, Terran Ce J Fulp, R Shane, et al. RiverWare[J]. Journal of the American Water Resources Association,2001,37(4):913-929.

[95] 桑学锋,王浩,王建华,等. 水资源综合模拟与调配模型 WAS(Ⅰ):模型原理与构建[J]. 水利学报, 2018,507(12):1451-1459.

[96] 王珊琳,李杰,刘德峰. 流域水资源配置模拟模型及实例应用研究[J]. 人民珠江,2004(5):11-14,22.

[97] 杨金玲. 深圳市水资源配置模拟模型及应用研究[D]. 长春:吉林大学, 2008.

[98] Bangash R F,Passuello A,Hammond M, et al. Water allocation assessment in low flow river under data scarce conditions: A study of hydrological simulation in Mediterranean basin[J]. Science of the Total Environment, 2012,440(DEC. 1): 60-71.

[99] Charalampos, Doulgeris, Pantazis, et al. Water allocation under deficit irrigation using MIKE BASIN model for the mitigation of climate change[J]. Irrigation Science, 2015,33(6):469-482.

[100] 张茜. 长吉经济圈水资源合理配置研究[D]. 长春:吉林大学, 2017.

[101] 王瑶瑶. 基于 Mike Basin 模型的莱州市水资源配置研究[D]. 济南:山东农业大学, 2020.

[102] 桑学锋,赵勇,翟正丽,等. 水资源综合模拟与调配模型 WAS(Ⅱ):应用[J]. 水利学报, 2019,50(2):201-208.

[103] 常奂宇. WAS 模型研发改进与京津冀水资源配置应用[D]. 北京:中国水利水电科学研究院, 2019.

[104] 闫小斌. 基于 WAS 模型的陕北农牧交错带水资源配置研究[D]. 西安:西安理工大学, 2020.

[105] 杜丽娟,陈根发,柳长顺,等. 基于 GWAS 模型的灌区水资源优化配置研究:以淠史杭灌区为例[J]. 水利水电技术,2020, 51(12): 26-35.

[106] 严子奇,周祖昊,王浩,等. 基于精细化水资源配置模型的坪山河流域生态补水研究[J]. 中国水利, 2020(22): 28-30,33.

[107] Z Yan,Z Zhou, J Liu, et al. Multiobjective optimal operation of reservoirs based on water supply, power generation, and river ecosystem with a new water resource allocation model[J]. Journal of Water Resources Planning and Management, 2020, 146(12):05020024.

[108] 李振福. 长春市城市人口的 Logistic 模型预测[J]. 吉林师范大学学报(自然科学版), 2003(1): 16-19,34.

[109] 赖红松, 祝国瑞, 董品杰. 基于灰色预测和神经网络的人口预测[J]. 经济地理, 2004(2): 197-201.

[110] 涂雄苓, 徐海云. ARIMA 与指数平滑法在我国人口预测中的比较研究[J]. 统计与决策, 2009 (16): 21-23.

[111] 杜涛, 叶琰, 李洪伟, 等. 基于灰色系统理论的几种需水量预测方法分析[J]. 长江科学院院报, 2010, 27(7): 12-16.

[112] 王芳, 梁瑞驹, 杨小柳, 等. 中国西北地区生态需水研究(1)——干旱半干旱地区生态需水理论分析[J]. 自然资源学报, 2002(1): 1-8.

[113] 王盼, 陆宝宏, 张瀚文, 等. 基于随机森林模型的需水预测模型及其应用[J]. 水资源保护, 2014, 30 (1): 34-37,89.

[114] 田一梅, 汪泳, 迟海燕. 偏最小二乘与灰色模型组合预测城市生活需水量[J]. 天津大学学报, 2004 (4): 322-325.

[115] 郑辉, 梁晓龙, 刘东岳. 捕鱼策略优化 SVR 的城市需水量预测模型[J]. 石家庄职业技术学院学报, 2021, 33(4): 18-22.

[116] 宗鑫. 基于 SD 模型的甘肃省水资源承载力及结构性需水预测[J]. 中国农村水利水电, 2021 (12): 83-90,98.